湛庐CHEERS

与最聪明的人共同进化

HERE COMES EVERYBODY

意识本能

The Consciousness Instinct

[加]迈克尔·加扎尼加 著
Michael Gazzaniga

罗路 译

浙江教育出版社·杭州

MICHAEL GAZZANIGA

■ 认知神经科学领域开创者
■ 揭秘左右脑分工模式
■ 脑科学研究领域的霍金
■ 普惠大众的思想家

迈克尔·加扎尼加

认知神经科学之父
我们这个时代最顶尖的思想家之一

加扎尼加之于脑科学研究，堪比斯蒂芬·霍金之于宇宙学。

——《纽约时报》

加扎尼加是全球最著名的脑科学家之一，被誉为认知神经科学之父。他是生物心理学博士、美国国家科学院院士、美国艺术与科学学院院士、加州大学圣巴巴拉分校SAGE心智研究中心主任。他促进了人类对大脑功能以及大脑两半球之间关系的认识，不仅在临床和基础科学研究领域闻名遐迩，在普罗大众当中也声名卓著。

揭秘左右脑分工模式 成就诺贝尔奖重大发现

加扎尼加在美国加利福尼亚州长大，小时候就喜欢在车库里捣鼓各种实验。其父是外科手术医生，在父亲的指导下，他开始真正理解生物化学这门学科，并在后来进入达特茅斯学院，开始关注脑科学专业的动态。

因为对加州理工学院的动物大脑研究产生了浓厚的兴趣，加扎尼加决定给该研究的负责人、著名神经生物学家罗杰·斯佩里（Roger Sperry）写信，询问他是否需要一名暑期实习生。斯佩里回复："当然需要。"加扎尼加回忆说："我一直鼓励我的学生，直接给你想一起做研究的那个人写信，也许机会就会落到你身上。"

从达特茅斯学院毕业后，加扎尼加以研究生的身份加入斯佩里的实验室，主要负责裂脑人的研究工

作，史上著名的裂脑实验也自此拉开了大幕。经过多年研究，加扎尼加同斯佩里及神经外科医生约瑟夫·博根（Joseph Bogen）联名发表了一系列研究报告。三人的发现推翻了大脑平均分工执行具体功能的传统观念，让“左脑”与“右脑”从此成为日常用语。

1981 年，斯佩里因这一研究荣获诺贝尔生理学或医学奖，神经生物学也因此取得了跨越式的进步，脑科学更是由此走出象牙塔，进入了普罗大众的视野。

联姻生物学与心理学 开创意识研究全新领域

加扎尼加对自己的成功并不满足，他一直尝试解答“大脑究竟如何产生意识”这一问题。为此，他没有局限于自己的研究方法和领域，而是广泛结交心理学、社会学、语言学、生物学、医学、数学、计算机科学、脑成像技术等各领域的专家。20 世纪 70 年代末期，在一次次跨学科的交流与碰撞中，一个全新的领域诞生了：加扎尼加和心理学家、语言学家乔治·米勒（George Miller）共同创立了认知神经科学。这一交叉学科打通了心理学和生物学的“经络”，成为研究人类意识问题的前沿学科。

1982 年，加扎尼加在美国新罕布什尔州创建了认知神经科学研究所（CCN）并担任主席。此外，他还是《认知神经科学杂志》的创始人和名誉总编辑。

普惠大众的思想家

加扎尼加不仅醉心学术研究，也热衷于政治和社会问题。2001 年，由于在脑科学领域举足轻重的地位，他被邀请加入美国总统生物伦理专家委员会。这个委员会由美国时任总统小布什直接组建，用于监督干细胞研究、制定管理细则，以及研究各种生物医学技术对社会和伦理带来的影响。

加扎尼加博古通今，善于用讲故事的方式为大众打开科普之门，其畅销书和教材更是广受好评。2005 年，加扎尼加应邀在云集了世界顶级思想家的吉福德讲座（the Gifford Lecture）作了一系列以自由意志为主题的演讲，随后根据自己的演讲内容写出了《谁说了算？》这本极具思想性又充满挑衅意味的作品。2015 年，加扎尼加出版了堪称“认知神经科学发展简史”的《双脑记》，讲述自己的学术生涯，向读者充分展示了科研生活的迷人魅力。

2019 年，加扎尼加将最新的研究与人类探索意识的历史相结合，从宏观视角揭示了关于意识的科学研究成果，不断探索“大脑究竟如何产生意识”这一问题的答案，并指明了认知神经科学与人工智能的未来。

加扎尼加“认知神经科学四部曲”

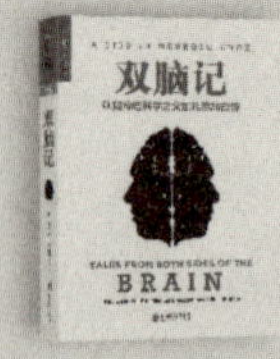

The Consciousness Instinct

前言

挣脱困境，进入意识探索新视野

如果可以的话，设想这样一种状态：你的意识只能觉察到当前一瞬。这一瞬既没有过去，也没有未来。然后，更进一步，设想人生也由一连串在主观时间上互不关联的瞬间构成，每一个瞬间都与其他瞬间保持独立。设想意识被暂时封存于一个个瞬间，而这些瞬间拼凑在一起，就成了我们的日常生活。这种状态是难以想象的，因为我们的意识总能轻松地在时间中来回穿梭，流畅得就像演绎《胡桃夹子》的芭蕾舞者。某一瞬间发生的事情能够为随后的行动计划提供帮助，而行动计划又能反过来和我们在过去获得的经验一同影响当下。如果意识不是这样运作的话，那真是无法想象。但是，如果你的大脑恰好出现了某种问题，就会出现上文所描述的那种情形，你理解什么叫作拥有过去和未来，却无法将自己置身于过去或未来。这是一种诡异的感觉：没有过去，没有未来，只有现在。

迄今为止的意识探索

在这本书中，我将带你领略一个奇特的世界，在这里，各种不可思议的意识体验反倒是一种常态。所有医院的神经科病房里都住满了意识体验异常的病人。其中每一个病例都能帮助我们理解一个问题，即大脑到底以何种方式组织形成人类宝贵的、时刻变化的意识。每一颗异常的大脑都在迫切地等待我们去探究，从中找寻一个逻辑连贯的故事，从而告诉我们大脑是如何构建形成“意识”这种平凡而又愉快的体验的。过去，科学家们满足于描述这些奇异的现象。然而在 21 世纪，仅仅描述各种令人着迷的神经疾病已经不够了。我在本书中的目标便是希望能朝着解决意识问题的方向更进一步，向大家展示我们那进化精巧的大脑如何大显神通。简而言之，我希望探讨物质是如何构成大脑意识的。

在几年前的一次出差途中，我在伦敦希思罗机场过海关。检查护照的工作人员是一位细心周到的英国人，出于职责要求，他询问了我的名字、职业以及来英国的理由。我告诉他自己做大脑研究工作，准备去牛津大学参加会议。他问我是否知道大脑两侧半球的功能差异。我有些自豪地说我不仅知道，还参与了部分相关研究工作。他一边细细翻阅我的护照，一边问我牛津大学的会议主题是什么。我用颇有权威感的口吻回答：“关于意识。”

这位工作人员合上护照递还给我，并问道：“你有没有想过见好就收？”

我似乎没有这样的打算。总有一些人从不停息自己对大自然奥秘的好奇心。在心智与大脑科学领域工作了 60 年，我痛苦地意识到人类还远未破解这一难题。但是，在本能的驱使下，我们依旧在不断思考我们是谁，我们是什么，拥有意识又到底意味着什么。一旦得以一睹问题的真容，余生就难免因为寻求答案的渴望而备受煎熬。可是，尽管我们努力去理解意识问题，它却像一团浓雾般令人捉摸不透。为什么意识的探索之路如此艰难？我们是否被过去的成见蒙住了眼睛以至于无法看清真相？意识是否是人类大脑的终极职责？就像怀表中所有齿轮组合在一起就是为了告诉我们此刻的时间，大脑中所有神经元组合在一起，是否也仅仅是为了让我们产生意识？人类进行意识研究的年头已久，观点在纯粹的机械论者和乐观的唯心主义者之间摇摆不定。令人惊讶的是，经历了 2500 年的历史之后，人类依旧没有认清意识问题，甚至尚未建立一个完备的体系，以帮助我们理解亲身经历的意识体验。的确，这当中的核心观点并没有多大变化。300 年前，在笛卡儿的推动下，人们开始明确地思考意识为何物。自那时起，就诞生了两大相左的观点，一方认为心智是大脑的产物，另一方则认为心智独立于大脑之外。直至今日，这两大观点依旧存在。

近年来，意识再次成为热门课题。新的实验数据层出不穷，但说到大脑如何产生心智以及与之相伴的意识体验，目前仍鲜有能被普遍接受的观点。本书的写作既是为了挣脱这种困境，也是为了提供一种全新的理解意识概念的视角。读者将开启一段精彩的旅程，纵览来自多个领域的新发现，它们包括神经病学、进化与理论生物学、工程学和物理学，当然，也少不了心理学和哲学。寻求答案的道路是曲折的，但是目的地并非遥不可及，因为我们终将理解大自然到底如何利用神经元“变出”心智。所以各位可要抓稳坐好了！

意识是你我的本能

开门见山地说，我认为意识是一种本能。不光人类，许多生物生来就有意识。所谓“本能”，指的是生物与生俱来的能力。生物的构成原材料与大自然中那些没有生命的物体一样，但生物有其独特的结构，使得生命乃至意识成为可能。从细菌到人类，所有生物都有其本能。我们通常认为生存、性、恢复能力以及行走都属于本能，但其实诸如语言和社会性等此类更复杂的能力也属于本能。本能的种类有很多，而我们人类似乎比其他生物拥有更多的本能。但是，意识是一种区别于其他普通本能的特殊能力。事实上，由于它看上去太厉害了，很多人相信只有人类才拥有意识。即便意识不为人类所独有，我们依旧希望能更好地理解意识。而且因为意识人人都有，导致大家都以为自己对其非常了解。然而阅读本书后你就会发现，其实意识是一种复杂的、捉摸不定的本能，就连其诞生之地——大脑也是这一宇宙中最难以参透的器官。

“苹果”一词是名词，它指代一种真实存在的物体。“民主”一词也是名词，但它指代的是一种社会关系的状态，相比“苹果”来说更难被定义。如果要我给你看看什么是苹果，这很简单，因为苹果是一个客观存在的实体。但要我向你展示民主的实体，这就很难了。那么，“本能”这个名词又该如何展示呢？上面提到的三个词都是可以定义的“某种东西”，有的是物体，有的是概念，三者都由大脑管理。像这样的“东西”我们有很多，它们都是如何储存在大脑中的呢？是不是有些“东西”适合表达为大脑中实际存在的某个结构，而另外一些“东西”适合表达为大脑结构的加工过程？“本能”的物理实体是什么？是像“苹果”一样触手可及，还是像“民主”一样难以描述？

复杂的本能和“民主”更为接近；它们可以被识别，但很难被定位。它们从简单本能的互动之中诞生，又区别于这些简单本能，就像一枚精巧的怀表嘀嗒嘀嗒地显示着时间，但时间本身并不存在于怀表内部。要想理解怀表为什么能指示时间，你不应该只是简单地将表中的弹簧和齿轮列举一遍，而应描述其设计原理和机械构造。意识本能也是如此。不要想当然地以为，既然意识是一种本能，就一定会有一个单一且独立的大脑网络负责产生那种神奇的、令所有人乐在其中的自我察觉状态。事实远非如此。当你带着这样的新观点踏入神经科病房，你立刻会发现那些患有痴呆症的病人是有意识的，即使是严重的痴呆症患者也不例外。这些病人的大脑中存在分布广泛的损伤，却仍旧存有意识；如果换作任何一台电脑，这种程度的损伤足以令其彻底瘫痪。一间又一间的病房里，住着一个又一个病人，他们的大脑损伤有的发生在局部，有的弥散在多处，然而无论在哪一间病房里，你都能感受到意识的存在。一轮参观结束后，你会发现意识似乎并非大脑的系统属性，而是为一些局部神经回路所有。

层层推演意识之源

在本书的第一部分，我们将看到如何将人类的天性与我们自身分离开来，使之成为一个能够让我们以客观视角加以研究的“东西”。我们将一路追寻这一思想的发展，从笛卡儿的时代到当代，再到现代生物学的黎明时代。令人惊讶的是，现代科学的大多数观点其实是古希腊人思想的扩展，两者的理论框架在本质上是一致的，都将心智和肉体牢牢地固定在同一个系统内。现代科学开始探索古希腊人同样关注的问题，但目前看来，现代科学遭遇了和古希腊人一样的挫折。正如前文所说的那样，我们亟须来点儿新想法，而本书便是一次尝试。

在本书的第二部分，我将介绍一些与大脑功能原理相关的现代学说，我认为，在研究神经元如何产生心智时，这些原理应当成为我们的指南。令我惊讶的是，笛卡儿最早将大脑比喻成一台机器，如今这一观点被绝大多数现代科学完全采纳。并且，在这一比喻的影响之下，我们相信大脑的许多功能需要整台“机器”的共同参与。的确，我们每个人都是由若干相对独立的模块组建起来的，这些模块构成了精妙的协作关系。要想理解模块之间是如何合作的，我们首先需要理解整个系统的结构，此类结构也被称作“层级化结构”，相信许多读者（例如诸位计算机科学家）都熟悉这一概念。在这一部分，我们终于能走进期待已久的神经科病房来验证上述构想。我们将反复发现，在人类那具有层级化结构的模块化大脑中，每一处局部组织都参与了意识的控制。神奇的意识体验并非来源于某个核心系统，而是分散于大脑的每一个角落。意识似乎是不可战胜的，即便是像阿尔茨海默病那样分布广泛的大脑疾病也无法将其消灭。

在本书的第三部分，我将直接挑战大脑与心智研究中的那个烦人而又致命的问题：神经元如何产生心智？这一团湿乎乎的组织如何让你我拥有思想？我们对物质世界的认识存在许多鸿沟。我们在多个水平上研究物质的构成，却无法理解不同水平之间的关联。在生命和无生命的物质之间，在心智和大脑之间，在量子世界和我们的日常世界之间，都存在一个众所周知的鸿沟。我们应该如何填平这些鸿沟？在我看来，物理学似乎能够提供帮助。

在全书的最后一部分，我提出了一种观点，用于解释大脑模块、层级化结构以及种种鸿沟如何最终产生我们所说的意识体验。理查德·阿斯林（Richard Aslin）教授曾经对我说，他认为“意识”其实是一个“代词”，可以被用于指代所有与人类心智活动有关的变量。人类拥有大量与生俱来的能力，其中包括语言、知觉、情绪等等，而“意识”一词相当于一种简写，可以用于方便地描述这些天性的功能。与此同时，越来越多的证据表明，我们最好将意识理解为一种复杂的本能。每个人都有许许多多的本能。我们的思想片刻不停，并且充满跳跃性。某一刻我们冒出了一个想法，下一刻又开始思考完全相反的点子，随后我们想起了家人，接着又感觉身上痒痒，然后想到一首喜欢的小曲儿、不久之后的会议、购物清单、令人火大的同事、波士顿红袜队……这种状态可以无限持续下去，直到我们学会使用线性思维，尽管后者可以说是一种违背人类天性的思维方式。

有意识地维持线性思维方式是非常困难的，眼下的我正为此费尽力气。我们的头脑就像一锅咕咕冒泡的开水，很难预测某一时刻会有哪个气泡抵达水面。浮出水面的气泡最终会裂开形成一个“想法”，并很快被更多的气泡所替代。在气泡们休眠之前，水面将一直保持活跃状态。而时间之箭会将在水面依次亮相的气泡挨个儿串联起来。我们可以提出一个设想，将意识视为大脑中的气泡，每个意识气泡都有其神经基础，并会在某一时刻浮出脑海。如果你感觉这个设想太过晦涩，不妨读完本书，看看你是否也会得出类似的结论。更重要的是，请尽情享受你的想法浮出意识表面的过程。

关于大脑如何产生意识，你了解多少？

扫码鉴别正版图书
获取您的专属福利

- 在罕见的情况下，“我吃虾没问题”并不能推断出“我今晚吃虾肯定没问题”，这一现象被称为“黑天鹅事件”，这是对的吗（ ）

  A. 对

  B. 错

扫码获取全部测试题及答案，
一起了解大脑如何产生意识。

- 脑干位置的缺损会对意识造成严重影响，就像汽车被拆除电池，完全无法工作，这是对的吗（ ）

  A. 对

  B. 错

- 以下能帮助我们理解脑损伤患者的行为的大脑区域是（ ）

  A. 鸿沟

  B. 模块

  C. 层级

  D. 以上全部

扫描左侧二维码查看本书更多测试题

目录

第一部分

意识简史

The Consciousness Instinct

第 1 章 古人眼中的意识

"请说大白话！"小鹰说道，"这些词都这么长，我一半都看不懂，而且我相信你自己也看不懂！"

刘易斯 · 卡罗尔
《爱丽丝漫游奇境》

我出生的那一年，也就是 1939 年，西格蒙德·弗洛伊德去世。关于我们人类心理世界的本质，在当时流传着许多荒诞的说法，其中有不少都是弗洛伊德本人的凭空想象。但是，和大多数人心目中的形象不同，弗洛伊德其实是一位生物学家，一位还原论者。同如今的许多神经科学家一样，他坚定地相信心智是由大脑产生的。现在我们已经知道弗洛伊德的很多理论不过是空想，但直至 20 世纪 50 年代，这些理论依旧被广泛接受，甚至进入当时的美国法庭，成为证明心理问题存在的重要证据。

弗洛伊德去世后，也就是从我这一代人起，人们才开始更好地理解大脑的功能。种种对掌控心智的神秘力量的大胆推测逐渐让位于更为具体的知识，人们开始探讨人类这种生物背后的分子、细胞及环境机制。的确，过去75年的研究提供了大量与大脑相关的信息，甚至揭示了部分大脑构成原理。如果可能的话，我相信弗洛伊德一定会爱上我们这个新世界，并乐意在焕然一新的脑科学领域继续发挥他那非凡的想象力。然而，令20世纪各个学派的科学家一筹莫展的难题至今仍未获得解答，事实上，同样的问题甚至可以追溯至古希腊时代。无生命的物质如何成为生物的基础？神经元如何让心智诞生？如何描述大脑与心智之间的关系？当人类找到这些问题的答案时，是否会对真相心灰意冷？我们是否会永远无法理解“意识”为何物？抑或是答案其实很简单，只不过冰冷而又残酷？

梳理意识研究的历史是一项令人望而却步的工作。首先，你得面对大量由哲学家执笔的复杂而又抽象的文献。约翰·塞尔（John Searle）是当今意识研究领域的一位权威哲学家，就连他都承认：“我的确应该多读点哲学著作。但是我认为很多哲学论文读起来就像接受根管治疗一样痛苦，只能靠意志力熬到结尾。”[1] 伟大的哲学家大卫·休谟也曾提供了有力的论述，表明哲学家提出的绝大多数问题都无法单纯用逻辑、数学及推理的方法来进行解答。尽管如此，到底还是哲学家最早促使我们思考心智、灵魂和意识问题。自古以来，他们的影响力都不可小觑。

“意识”是一个相对年轻的概念。直至17世纪中叶，勒内·笛卡儿才为“意识”一词赋予了当今我们所熟悉的含义。当前，“意识”被用于许多不同的场景，因其囊括了多种释义，马文·明斯基（Marvin Minsky）① 称之为一个

① 马文·明斯基，著名美国认知科学家，人工智能之父。他在《情感机器》中提出了塑造未来机器的6大维度，感兴趣的读者可以查阅，该书中文简体字版已由湛庐引进、浙江人民出版社2016年出版。——编者注

“行李箱式词语”（suitcase word）。英语中的“consciousness”（意识）源自希腊语的“oida”（意为“通过眼见或感觉过而获知”），以及后者在拉丁语中的同义词“scio”（意为“知道”）。但是，古人并没有明确地提出“意识”的概念。他们也曾好奇心智的运作方式，思考过思想的起源，甚至考虑过是否有某种单纯的物理过程参与其中。然而兜兜转转，大多数早期理论最终还是会回到同一个结论，即“心智活动产生自非物质的灵魂”。一旦把意识归为灵魂的产物，再想弄清楚其背后的机制可就不简单了。

数百年来，心智和灵魂这两个概念一直保持着若即若离的关系。在大多数成文的历史记载中，鲜少将个人的内在心理事实视作一种真实存在的“东西”，或是一个值得被研究的对象。考虑到古人的大脑、思维结构和情绪与现代人类理应没有多大差别，这着实令人难以理解。但是，就像本书即将展现的那样，在过去的 250 年间，意识的概念发生了天翻地覆的变化。和其虚无缥缈的前身相比，如今“意识”已有了完全不同的含义。

人类需要一种新的方式来思考意识问题，运气好的话，本书或许能够提供一些启发。不过，若欲知新最好先温故，这是错不了的。

早期探索：成功与失败

古埃及人和美索不达米亚人是西方世界的哲学先驱。在他们的世界观中，大自然并不是生命需要与之艰难较劲的对手。相反，人类和大自然是携手共进的伙伴。他们看待自然的方式，与其看待自己或其他人的方式别无二致。和人类一样，大自然拥有思想、欲望和情绪。因此，人类与自然的界限是无法划分的，二者也不必用不同的认知方式来理解。人们用自己的体验来解读自然现象：或慷慨或吝啬，或可靠或可鄙，如此这般。这些近东的古人能够觉察因与果的联系，但他们总是倾向于将自然现象视为拥有主观世界的个体，而非客观的事物。譬如，尼罗河水上涨是因为河自己想涨，而不是因为下雨。当时也没有科学能够提供其他解释。

古希腊人不一样。最早的古希腊哲学家都不是神职人员，因此他们不需要和近东地区的同仁那样，被迫在上级的指示下思考灵魂问题。他们不是专业的先知，而是一群不受教条约束的业余思想者。他们终日在自家后院徘徊，对自然充满好奇，也乐于分享自己的想法。在开始思考人类起源时，他们没有去追问“谁”才是人类的祖先，而是希望知道到底是“什么”推动了人类的诞生。对于人类来说，这种思维视角的转变具有里程碑式的意义，考古学家兼埃及学学者亨利·弗兰克福（Henri Frankfort）曾将之形容为“荡气回肠”：

> 这群鲁莽的人遵循着一条毫无依据的假设一往直前。他们相信宇宙是一个拥有智慧的整体。换言之，他们认为，尽管人类的感知世界充满混乱，但其背后存在单一的法则；并且，人类有能力去理解这一法则[2]。

弗兰克福进一步解释了古希腊哲学家之所以能够达成这一突破的原因：“现代人和古人对待周围世界的态度有着本质的区别。对崇尚科学的现代人来说，表观世界在根本上是一个第三人称的‘物’；而对古人来说，世界则是一个拥有第二人称的‘人’。”

拟人化的世界有自己的信仰、思想和欲望，自行其是，行为难以预测。

相反，拟物的世界则是一个单纯的物体，不能被视为朋友。“物”与“物”之间的关系是符合逻辑的。人们能够利用这些关系进一步拓展，在可预测、有规律的条件下寻找行为和事件背后的统一法则。在理解“物”的过程中，人类的地位是主动的。反之，在理解“人”的过程中，人类是被动的，对方留下的第一印象也往往是情绪化的。拟人的世界是独特而又不可预测的，它不会对我们展露全貌，而我们对它的了解也只能止步于此。每一次与拟人世界的遭遇都是个体化的。你可以根据自己的体验编造出一则故事，抑或是一段传说，但你无法从中得出一个假说。正是有了“拟人”向“拟物”的转变，科学思维才成为可能。

古希腊人在观念上的巨大进步无形中影响了亚里士多德，使得这位伟人走上了探索科学的道路。亚里士多德认为科学的职责在于寻找事物的“原因”，并由此提出了因果论。于他而言，所有能够解释“为什么”的答案都可以被视作科学。例如，假设已存在一个事物 X，而你又发现另外一个事物 Y 是 X 产生的原因，或是 X 产生的一个必要前提，那么你的理论就属于科学。亚里士多德提出了四种因果关系，即质料因、形式因、动力因和目的因。打个比方，如果你问：“亚里士多德，这台手推车是怎么来的？”他会回答说，手推车的质料因是木头，形式因是设计图，动力因是手推车的构造，目的因就更单纯了，那是因为亚里士多德本人就想要一台手推车。

亚里士多德认为，自然世界就是一个由因果关系构成的网络，结果 X 背后总有一堆原因 Y。理论生物学家罗伯特·罗森（Robert Rosen）将这种网络称为“因果蕴含”（causal entailment）。罗森指出，亚里士多德的核心思想在于，在理解某样事物时，单一的解释是不够的，因为不同的因果关系之间并非包含与被包含的关系。例如，你或许知道某个东西的制作方法，但这并不保证你能理解其运作原理，反之同理，即便你理解运作原理，也不一定能掌握其制作方法。此外，亚里士多德还认为，科学知识的关键在于其研究对象，而非研究手段。

现代的科学研究方法是一个基于形式因的体系，假设产生推论或效果，效果是其前提假设的必然结果。换句话说，就是先有因后有果。但是，亚里士多德的思想在面对终极因果问题时会出现矛盾。我们来看之前的那个问题："亚里士多德，这台手推车是怎么来的？"几个小时前，这台手推车还在雅典卫城的车站那边呢，怎么突然就跑到亚里士多德家门口了？因为亚里士多德看到了这台手推车，并且想据为己有。在这里，"看到手推车"是"因"，并导致了手推车质料因、形式因、动力因的"果"。这么看来，在"因"出现之前，"果"就已经存在了。这在牛顿世界中是不可能存在的，因为一个状态只能导致其后续的状态。因此，亚里士多德的终极因果关系不再属于科学范畴。在之后的内容中，我们将看到这一矛盾对生物学造成的不良影响。

对亚里士多德来说，人体构成及其运作原理是一个最有吸引力的科学问题。但由于当时的希腊严格禁止人体解剖，人体研究颇有难度。亚里士多德通过大量的动物解剖实验回避了这一禁忌。根据实验中积累的知识，他创立了一套名为"自然阶梯"的物种分类体系，通过生物的"魂"类型将之分为不同的阶层。例如，他认为植物位于最底层，其拥有的灵魂是负责生长和繁殖的"植物魂"，而位于自然阶梯顶端的自然是人类。

亚里士多德的理论还包含更多细节。他认为动物拥有"感觉魂"，它负责自主运动、感知觉、食欲以及情绪。而“感觉魂”中包含一种人类所独有的“理性魂”，“理性魂”让我们获得了一系列特殊的技能，包括逻辑推理、理性意志、思维及思考问题的能力，也正是这些能力使得我们区别于自然阶梯中的那些更低等的生物。结合古希腊的人类思维革命来看，最为重要的一点在于，亚里士多德的相关知识并非来源于单纯的自省和冥想，而是通过观察他人与周边世界的互动获得的。如今的我们已经普遍能够接受一个观点，即我们身处的世界是一个可被研究的客观物体，但不要忘了，在几千年前，这种看待世界的方式还没出现呢！亚里士多德的思想对后世影响很大，令人欣慰的是，直至今日，人类依旧被科学观察的魅力所吸引。

> 百家争鸣
>
> 亚里士多德
>
> **人类的心智是灵魂的容器，里面盛有“理性魂”。**

亚里士多德掌握了正确的科学研究方法，但他提出的思想起源假说完全走错了方向。倘若某位现代学校的学生犯了他那样的错误，期末考试一定会不及格。亚里士多德根据动物和人类的行为方式推断它们能够感知世界。与此同时，通过解剖，他注意到一些动物看上去根本没有大脑。据此他得出结论：大脑不是什么重要的东西。他发现，胚胎在发育的过程中，最早出现的器官是心脏，因此他把心脏当作灵魂的容器，相应地，人类的心脏就盛有“理性魂”。在亚里士多德的理论中，灵魂并不是虚无缥缈的宗教概念，也不会在人死后继续存在。他所说的灵魂其实是一种器官，负责产生生物的感觉以及对世界的认知。他认为，作为人类智慧起源的“理性魂”需要某种感知外界的装置，而人类身体各个部位和器官的功能即在于此。不过，亚里士多德认为不存在会思考的身体部位或器官。他也从来没有把“意识”一词挂在嘴边。但他的确提出过这样一个问题：“我们是如何获知自身感觉的呢？”总而言之，亚里士多德开创了一条新的道路，并促使人们开始思考人类的本质。

在希腊掀起的革命性思想风潮很快流传到海外。公元前322年，就在亚里士多德去世后不久，两位居住在亚历山大的希腊医生赫罗菲拉斯（Herophilus）和伊雷西斯垂都斯（Erasistratus）打破了人体解剖的禁忌。他们首次发现了神经系统并就此写下论著。他们还发现大脑中存在空腔，也就是脑室。赫罗菲拉斯相信脑室就是智慧的所在地，灵魂从脑室出发，沿着空心的神经流向肌肉并控制后者的运动。他们的理论存在不少谬误，但这并不妨碍他们成为人类历史上第一批神经科学家。

历史的齿轮又轰隆隆地运转了400多年，相对漫长的进化史来说，这就像1毫秒一样转瞬即逝。罗马成了地中海地区的霸主，因为种种机缘巧合，一位名叫克劳迪亚斯·盖仑的医生来到了罗马。盖仑来自希腊城市帕加马（位于如今的土耳其爱琴海岸），经过医学训练之后，他成了一名经验主义者，并在罗马统治下的亚历山大研学赫罗菲拉斯和伊雷西斯垂都斯的学说。古希腊时期，经验主义实践医学学派看重现象观察和经验，而非权威教条。随后，盖仑回到帕加马，找到了人生中的第一份工作：给角斗士当医生。和希腊一样，罗马禁止人体解剖，盖仑也从来没有打破这条禁忌。他的解剖学和外科手术知识来源于血淋淋的病人尸体，外加日复一日的动物解剖，对象通常是地中海猕猴。盖仑将自己获取的一手资料与两位远方恩师赫罗菲拉斯和伊雷西斯垂都斯的教诲相结合，同时部分借鉴了希波克拉底的理论（即认为人体是由4种体液构成的“体液说”），最终提出了一套关于人体构造及运作原理的新理论。他的努力让自己声名鹊起，并在不久之后应召前往罗马，成为罗马皇帝马可·奥勒留（Marcus Aurelius）的私人医生。

盖仑为医学做出了惊人的贡献。他首次发现了动脉血与静脉血之间的差别。如今我们知道，动脉血含氧量高而静脉血含氧量较低（你的身体组织通过呼吸作用把氧气从血液中“偷走”了），作为现代神经科学的重要研究手段之一的功能性磁共振成像（fMRI）正是利用了这一差异。盖仑还首次对人类心脏的 4 个腔室进行描述，更新了当时人们对人体循环系统、呼吸系统和神经系统的认识。当然，他也犯了一些解剖学错误。比如，他根据公牛的解剖结构，认定人类颅骨底部存在一团名为“怪网”（rete mirabile）的血管。这是一个严重的错误，乃至成了归纳推理法的一个反面教材，因为多年之后人们发现，人的身体里根本就没有“怪网”这种东西！

不管怎么说，盖仑知道人类的生命维系依赖食物和呼吸，也相信身体能够将摄入的物质转化为血肉和灵魂。踩着巨人希波克拉底、柏拉图、苏格拉底和亚里士多德的肩膀，盖仑提出了灵魂的物质三分论。他发展了柏拉图的理论，为其提出的三种灵魂，也就是理性、意志和欲望分别找到了对应的解剖位置：理性位于大脑，意志位于心脏，欲望位于肝脏。三种灵魂各司其职。欲望灵魂负责掌管身体的自然冲动，例如饥渴、生存本能和肉体的欢愉，并由自然灵气所驱动。意志灵魂负责情绪与激情，并由一种从心脏中的血液诞生、通过肺部活动随空气流通的灵气所驱动。理性灵魂掌控了认知活动，包括感知、记忆、决策、思维以及自主活动。盖仑认

> **百家争鸣**
>
> 盖仑
>
> **灵魂的物质三分论：理性位于大脑，意志位于心脏，欲望位于肝脏，三种灵魂各司其职。**

为心智与肉体之间没有差异。从他的理论中，我们能够看到一些现代概念的雏形，例如意识与潜意识、本我与自我、理性与直觉等。抛开具体细节上的差异，这些概念背后的思想可以说早在公元 200 年就已经出现了。

盖仑还尝试建立了一套新的理论以解释生物的原理。在他的设想中，存在一种能够赋予机体生命的“生命灵气”，从外界进入身体，并由“怪网”进行净化。随后，纯净的灵气流入大脑中的脑室，在其中转化为一种“动物灵气”，驱动理性灵魂的认知活动。盖仑找对了负责认知功能的器官，但理解并不到位。他把所有的认知加工定位于空荡荡的脑室，就好像说甜甜圈的精华在于中间的洞一样。

盖仑对后世医学的主要贡献之一即提出“人体器官各司其职”的概念。他开始尝试将不同器官区分开来，认为每个器官都是一种具有特殊功能的机器。这是一个了不起的想法。如今，现代神经科学的研究目标之一便是厘清大脑各个区域的功能。随着时间的推移，神经科学对人类心智活动中大脑功能分区的理解也越来越细致。作为一名忠实的还原论者，盖仑没有将肉体和灵魂割离，但他依旧信奉灵魂不死。这位伟大的神经科学奠基人时常会将强大的推理能力忘在脑后，给自己的理论续上一个怪力乱神的结尾，在本书中你将看到不少这样的例子。

终其一生，盖仑始终相信观察与实验高于既有的书本知识，不过在行动中，他并没有将这一信条贯彻到底。早年他曾学习柏拉图、亚里士多德和斯多葛等人的哲学，这些思想深深地影响了他的认知论。盖仑将所学的哲学理论与所观察到的现象结合在一起，创立了一套医学理论框架。不过，如果盖仑本人知道自己的理论将会左右医学领域近 1300 年的话，或许也会感到惊愕吧。要知道，在 1000 多年间，盖仑的科学发现一直被奉为圭臬！尽管盖仑认为精神与肉体无法分离，但他将灵魂定位于脑室空腔，也就使之与充满欲望和原罪的肉体划清了界限。因此，盖仑的观点深受基督教徒的推崇，教会将之写入教条，用以解释他们新提出的那个永生的、非物质的灵魂在身体中的位置。其中，前脑室负责感觉，中脑室负责理解，后脑室则负责记忆。

从古希腊时期到盖仑理论统治医学的年代，前前后后一共经过了 1700 年。在这 17 个世纪的光阴里，一代又一代的思考者探寻着人类的本质，却依旧在重重迷雾中找不到出路。很多时候人们讨论的是灵魂而非心智，当然更不会是意识。柏拉图和苏格拉底认为灵魂永生，并且可以被三分为理性、意志和欲望。亚里士多德同样相信灵魂的存在，但他认为灵魂并非不死。最早的一批大脑及解剖学者开历史倒车，重新主张灵魂永生，却又强调灵魂和肉体之间没有区别。观念一旦形成就很难改变，即使在科学的萌芽影响之下也是如此。在本书的后续章节中我们将看到，直至今日，这些初期的观点仍旧不乏信众。

笛卡儿登场：身心分离

到了 16 世纪，一名在意大利帕多瓦大学工作的年轻解剖学家安德烈亚斯·维萨里（Andreas Vesalius）终于站了出来，对盖仑的解剖理论提出了异议。维萨里将自己的人体解剖结果与盖仑的解剖图进行比对，不由心生疑惑。维萨里是幸运的，他没有受到人体解剖禁忌的约束，这对现代科学来说也是一件幸事。当地的法官也时常会大大方方地将死刑犯的尸体送给他。维萨里逐渐意识到，盖仑从来没有解剖过人体，他的解剖学著作当中也包含大量谬误。维萨里在解剖大脑时苦于没有合适的工具，只能采取粗暴做法，从上到下将标本锯成片状。不过，至此我们可以肯定一个事实：根本没有什么“怪网”。数百年的历史教会我们一个道理：在科学研究方面，反复验证前人观点是非常重要的。

更早些时候，另一位解剖学家，也就是博洛尼亚大学的尼科洛·马萨（Niccolò Massa）已经发现大脑脑室里充满了液体，而非空气一般的灵魂。而维萨里进一步发现，大脑也不像盖仑描述的那样是一个内含若干腔室的完美球体。由于盖仑的错误太多，维萨里不得不把他的解剖学著作重写（或者说重画）一遍。在威尼斯的提香工作室的学徒们的帮助下，1543 年，《人体的构造》（*De Humani Corporis Fabrica Libri Septem*）成功出版。书中描绘了各式各样的骷髅人体（部分附有肌肉或循环系统），有的拄着拐杖在意大利乡间散步，有的随意斜倚在树干或廊柱上，有的甚至在讲经台边低头看书。这部著作轰动一时，尤其受到了学生们的欢迎。

> 百家争鸣
>
> 维萨里
>
> **或许是大脑而非脑室实现了灵魂的种种能力。**

在解剖完大量尸体之后，维萨里决定自保。他发现用来净化生命灵气并将之转化为动物灵魂的器官根本不存在。更糟心的是，本应是灵魂容器的脑室并非充满气体，长得也跟教会的描述完全不一样。维萨里没有质疑自己的宗教信仰，也没有否定灵魂不死的概念；但他心里清楚，教堂的神父若是知道他胆敢挑战教条，必会让他的肉体也活不下去，因为当时正值宗教裁判所时代，忤逆教会的风险不言而喻。维萨里推测，或许是大脑而非脑室实现了灵魂的种种能力（诸如感觉、理解与记忆）。不管怎样，他非常聪明地选择了保持沉默。

16 世纪末，科学家们陆续找到了更多实验证据，使得争议之声又大了几分。在维萨里的家乡帕多瓦，伽利略不光对亚里士多德的（同时也是《圣经》支持的）地心说提出了质疑，还利用数学推导、测量数据和实验给出了实际证据。伽利略提出一种机械论学说，认为自然法则，也就是掌管整个物理世界的法则，是遵循数学原理的。由于被指控妄图重新解读《圣经》，伽利略受到了罗马宗教裁判所的审判。教会命令他不要再说那套关于太阳的胡话，并在他家中将其逮捕。

与此同时，新思潮正在巴黎萌动。集数学家、神学家、哲学家、音乐理论家和修道士于一身的马林·梅森（Marin Mersenne）对伽利略表示了支持。他住在兰尼修斯修道院，并经常邀请欧洲各地的知名学者和科学家来自己的小房间举办讨论会。他还以通信的方式维持着广大的人脉。梅森认为，教会要想在新兴科学和异端分子的猛烈攻击中存活下来，就必须接受并吸收宇宙机械论学说。那样，不管宇宙的运作是遵循由神创造的自然法则，还是以人类为中心的法则，上帝都能轻而易举地维持统治。事实上，仔细一想，上帝既然无所不能，那么创造一个无须维护就能自行运转的宇宙又何乐不为呢？

梅森讨论会的参会者中有一位法国哲学家、数学家、科学家、牧师，名叫皮埃尔·伽桑狄（Pierre Gassendi）。伽桑狄相信世界由原子组成。在西方世界中，这种原子论最早由留基伯和德谟克利特在公元前 5 世纪提出。根据该理论，原子是不可灭、不可变的，并且由虚空包围。不同的原子大小和形状各不相同，并且无时无刻不在运动。原子可以结合，伽桑狄将其组合形成的结构称为分子，认为分子具有区别于原子的形状和性质。世界上所有的宏观物体均由各种原子组成。在伽桑狄的观点中，原子论并不是什么异端邪说。上帝创造了万物，其中自然包括原子。

> 百家争鸣
>
> 伽桑狄
>
> **当人还活着的时候，理性灵魂依存于肉体，并且依靠身体来获取外界信息。但是，一旦死亡降临，不死的灵魂就会飘离肉体。**

不过，伽桑狄错误地将灵魂分成了两种。其中一种灵魂由原子组成，产生自神经系统和大脑，能够感知外界、感受快乐和痛苦并进行决策。与此同时，伽桑狄坚信没有任何原子的组合能够进行自我反思，或是产生身体感觉以上的高级感知。因此，他总结认为，人类拥有另外一种灵魂，一种非物质的理性灵魂。这种灵魂不能独立存在。当人还活着的时候，理性灵魂依存于肉体，并且依靠身体来获取外界信息。但是，一旦死亡降临，不死的灵魂就会飘离肉体。

终于，轮到年轻的勒内·笛卡儿登场了。作为一名哲学家、数学家和理性主义者，笛卡儿同样是梅森讨论会的常客，他非常支持物理世界由粒子组成的想法，并相信宇宙像机械一样自动运作。笛卡儿的穿衣风格十分浮夸，对塔夫绸、羽毛和佩剑格外偏爱，他的爱好之一便是盛装打扮以后在巴黎各处游览。当时，巴黎的法国皇家公园里有一个超前的游览项目，和如今迪士尼乐园里的“小小世界”游乐项目颇为相似，里边有水力驱动的自动机，能够活动、发出声音，甚至弹奏乐器。每当有游客走上公园的地砖小道，这些自动机器就会被巧妙地触发。自动机，也就是我们所说的机器人，在当时相当普遍。毫无疑问，大多数来公园参观的游客都会为之着迷。

但是，笛卡儿是一名哲学家，哲学家在公园里散步可不是普通的散步（要不然也不会穿这么多塔夫绸和羽毛）。他知道这些长得和人一样的机器不过是由人工的外部力量驱动的机器。但是，从表面看来，它们仿佛具有理性，能够进行自主运动。他由此想到，我们的身体也有很多类似的地方。反射运动便是一个例子：来自外界环境的刺激导致神经系统发生了某种变化，从而触发了预先设定好的运动反应。反射不需要被刻意控制，也不需要灵魂指引。他还想到，反射反应甚至可以不局限于运动反应，也可以是情绪、认知乃至记忆的反应。一旦顺着这条思路畅想下去，似乎所有的行为都可以被视作对外界刺激的反射反应。不过，这种反射具有决定性：刺激 x 永远会导致反应 y。笛卡儿相信，对机械和动物来说，刺激－反射理论是行得通的，但对人来说又如何呢？难道说自由意志不存在？自主选择也不存在？我们无法对自己的行为负责？道德和罪恶是否还成立？我们其实是一台机器？这太令人难以接受了。

为了避免打击人类存在的意义，笛卡儿转而提出了另外一个理论，并彻底地改变了历史。但是，反射理论俨然对生物学研究造成了不小的创伤。杰出的理论生物学家罗伯特·罗森指出，尽管没有人能够说清楚生命到底为何物，但是描述生命现象本身并不是难事。罗森认为笛卡儿犯了因果倒置的错误："他把这些自动机和其模拟对象之间的关系搞反了。他观察到的现象很简单，即自动机在一定的条件下能够表现出类似生物的特征，但他由此得出了'生命就像自动机'的结论。生物的机器这一隐喻也由此诞生，并成为生物学研究的一个主流思想，延续至今。"[3] 这个因果倒置的思想也衍生出了完全决定论的世界观。

没错，如果有人敲你的膝盖，你的身体会不由自主地做出抬小腿的动作，但你也可以凭自己的意愿抬起小腿。这是两个很不一样的事件，前者是你的身体对外界刺激的反应，根据笛卡儿的理论，后者是由你的心智控制的动作。前者可以单纯由物理法则进行解释，因果链条可以一直追溯到创世纪，而后者在笛卡儿看来是一个只有两个环扣的因果链：你打算做，于是你做到了。你为什么有这个打算？因为你想这么做。这里并不存在什么物理法则，仅仅是一个念头而已。这就是亚里士多德所说的“终极原因”。

百家争鸣

笛卡儿

身体遵循物理法则，但人类的行为是由另外一种自主的物质所引发，也就是非物质的理性灵魂。

笛卡儿认为，自主事件绝不是简单的反射，也不是科学原理能够完全解释清楚的物理原理。他最终得出了一个结论，即身体遵循物理法则，但人类的行为由另外一种自主的物质——非物质的理性灵魂所引发。换句话说，理性灵魂是非物理、非机械的，不受任何自然法则约束，是一种“无中生有”的存在。这种灵魂拥有意识和自由意志，能够进行抽象的思考，会提出质疑，并且具备道德观念。以上就是所谓的“身心二元论”，主张身体由物理结构组成，而心智由非物理（非物质）的认知结构组成。

笛卡儿是一名彻头彻尾的数学家和科学家，因此，他希望理性地理解生物的本质。他的理性数学方法在描述物理世界方面游刃有余（他发明了分析数学，发现了折射原理，并做出了其他多项伟大成就），因此，他尝试使用同样的方法来解读人类的本质。首先，为了找到一个确定的、能够支持理论建立的基石，他必须摈弃所有可能引发怀疑的因素。然而事实证明，他总可以找到某种角度来怀疑一切，甚至怀疑自己的母亲是不是真的母亲，怀疑太阳第二天还会不会升起，或是怀疑昨天晚上自己是不是真的在巴黎的家中入睡，而不是在罗马城内四处蹦跶。他甚至还怀疑自己是否真的拥有一副躯体。毕竟我们对自己身体的确信完全来源于自我感觉，而后者经常会出错；感觉既然会出错，就有可能从来没对过。不过，有一件事情笛卡儿是无法质疑的，他确信自己真实存在。就在质疑一切的过程中，他确定自己的确是一个会思考的物体。这就是著名的“我思故我在”。

于是，笛卡儿相信自己找到了一个足够扎实的基础，并期望能够一次性地推导出与生命有关的一切原理，为此，他决定依循科学的方法一步一步来。他想到，因为“自己是否拥有躯体”这件事是可被怀疑的，所以，他就可以质疑自己是否真的在物理意义上存在于这个世界。根据这一丝想法，他得出了结论：“我知道‘我’这种物质的精髓或者天性便是思考，这种天性无须占据空间，也不依赖任何物质；因此这个‘我’，也就是决定我之所以为我的‘灵魂’，是完全与身体剥离的，甚至比后者更易于理解；且即使身体不复存在，灵魂依旧。”[4] 他的思考继续以一种奇怪的方式发散下去，提出的论证过程以现代观点来看可谓漏洞百出。例如，我们很轻易就能看出，即便人能够质疑自身的物理性，也不表明这个质疑就一定是正确的，更无法从中得出人在物理意义上不存在或思想无须依赖躯体等结论。然而笛卡儿的身心二元论中的第一条主张，就是建立在这样一个岌岌可危的逻辑基础上的。

不过，笛卡儿的理论是在没有现代科学知识支持的情况下发展出来的。他得出的结论和思想塑造了后人的思维方式，其影响力一直延续至今；而他的身心二元论和将心智区别于身体和大脑的主张，在过去 350 年间牢牢束缚住了哲学家们的思想。但在当时，和笛卡儿同一时代的人们并不是非常理解他的观点。许多支持者希望知道非物质的心智如何与物质的肉体进行互动，这当中就包括波希米亚的伊丽莎白公主，后者与笛卡儿进行了大量书信交流。笛卡儿向伊丽莎白承认自己无法很好地回答这个问题[5]。如果笛卡儿知道我们今天仍在为此苦恼的话，或许能感到些许宽慰。不过，他也曾努力尝试过寻找答案。笛卡儿对大脑展开研究，并自以为找到了心智和大脑互动的节点：松果体。他给伊丽莎白写信道："我认为这个腺体正是灵魂之座，是所有思维的起源之地。我这么确信的原因在于，在整个大脑之中，只有这个地方我不存疑。"[6]很难相信这不是他的挣扎之举。毕竟，他研究的对象是先前自己声称与永生灵魂无关的牛脑，以及盖仑绘制的错误的解剖图。

在研究的过程中，笛卡儿无意中提到了一次"意识"，《沉思录》中的第三沉思的第 32 段载有此事，从此"意识"一词引入了哲学界。当时受过教育的人都使用拉丁文写作，笛卡儿也一样，因此，他实际用的是拉丁语词"conscius"。法语和英语的译本对该词的含义和用法都不甚确定，但依旧照用不误；与此同时，笛卡儿本人反倒使用的是"思考"（to think）和"知道"（to know）等动词。很快社会上便出现了反对滥用"意识"一词的声音。笛卡儿对此或许也曾感到后悔，因为他一直摇摆不定，不知道自己到底想用"意识"表达什么意思：到底是普遍意义上的思维活动，还是一种更为内省的过程，或称之为"关于想法的想法"？无论如何，笛卡儿曾用"意识"来指代我们对自身想法的认识，并通过逻辑推理判定这种认识是毋庸置疑且绝对正确的。例如，如果我有一个想法，认为自己拥有全世界最好的葡萄园，那么这个想法的存在肯定是毋庸置疑的；与此同时，我也不会弄错自身想法的内容，因此它也是绝对正确的。人总是能确定自己的想法，这意味着人对自身心智的认知优于对自身身体的认知。因此，笛卡儿相信，他的认知是不会欺骗他的。

百家争鸣

笛卡儿

“意识”指我们对自身想法的认识，并通过逻辑推理判定这种认识是毋庸置疑且绝对正确的。

在笛卡儿和法国思想家们的影响下，哲学领域开始努力厘清“意识”这一概念，然而从一开始，“意识”就未曾有过明晰的定义。美国最高法院大法官波特·斯图尔特（Potter Stewart）曾经说过一段名言，用来定义什么是“色情”：“我不应该试图给它下定义……也或许永远无法得出一个清楚的定义。但我看到它的时候就会知道它是不是。”在这方面，意识或许和色情没什么两样。

结束对 17 世纪法国的介绍，我们认识了机械宇宙并掌握了两种描述心智的方法。在笛卡儿之前，物质或非物质的“灵魂”是人类思想的主流。人类对意识的感受和体验使得我们很难将“灵魂”视作肉体的一部分。同样可以理解的是，人们也很难接受甚至厌恶灵魂会在经历过波澜壮阔的一生之后随死亡消失殆尽的想法。经过 2000 余年的知识积累，绝大多数人依旧不愿意相信一个事实，即人类那缤纷多彩的内在世界全部诞生于我们的身体和大脑。

后来，笛卡儿大胆地将不死的灵魂（以及伴随灵魂存在的心智）从机械论的宇宙和肉体中剥离开来。一旦接受心智与肉体分离的观点，心智本身就成了一个难解的谜题，它被赋予了种种性质：非物质，毋庸置疑，绝对正确，且不可改变。笛卡儿将心智升华至非自然的境界，并将之从科学研究的对象中移除。笛卡儿永远无法解释非物质的心智如何与物质的身体互动，但他的理论将过去 200 年间人类关于心智物理基础的思考整合在了一起。许多与笛卡儿同时代的伟人，例如伽桑狄，也同意他的观点，认为理性灵魂是非物质的，因为他们确信没有任何一种原子的组合能够进行自省或感知感官信息以外的情感活动。以 21 世纪人们的眼光看来，这些 17 世纪的理论似乎又奇怪又无用，但是，如今的我们依旧相信心智的存在。不同之处在于，现代科学不再认为心智是一团漂浮在每个人周围的非物质迷雾，反之，我们将心智移交给大脑，并使之成为完全符合物理原理的物质存在。于是问题来了：物质的心智到底是如何运作的？

第 2 章 经验主义哲学的黎明

"我不认为——"

"那你还是免开尊口吧!"

疯帽子说道。

刘易斯 · 卡罗尔

《爱丽丝漫游奇境》

在英吉利海峡的对岸，与笛卡儿和他的巴黎同事们一水之隔的地方，英国人也在思考生命、灵魂和心智的意义。英国哲学家们对“意识”一词颇感兴趣，在笛卡儿《沉思录》(*Meditations*) 提及意识的 50 年后，约翰 · 洛克 (John Locke) 对之展开了进一步阐释，同样这么做的还有英国人大卫 · 休谟。当然，哲学家们并非孤军奋战。医学家们怀着对身体和解剖学的兴趣，也开始探索心智和大脑的问题。托马斯 · 威利斯 (Thomas Willis) 和威廉 · 配第 (William Petty) 在牛津大学刻苦钻研，他们的发现即将对蓄势待发的心脑之争造成极大的影响。在某种意义上，事情的发展还是过去那老一套。当时的科学依旧是宗教之子，自幼建立的虔诚信仰与新涌入的科学知识在科学家的心里发生了剧烈冲突。他们体验到了如今我们所说的认知失调，也就是人在同时持有两种或更多彼此矛盾的信念、观点或价值观时产生的心理上的不适感。为了减轻这种不适感，人们会试图对冲突进行解释或合理化，甚至直接改变自己的信仰。在这一时期，几乎所有学者都拥有一种强烈的愿望，希望他们那新生的科学不会因为对上帝的信仰而分崩离析。他们一方面对心智知之甚少，另一方面又在不断积累关于身体的知识，为了从中调停以解释心智与肉体之间的关系，这些科学家给出了一些荒谬可笑的假说。事实上，在早期，这一时代的神经科学家与哲学家一样，被自己对意识的主观体验与对客观思维方式日益坚定的信念折腾得困惑不已。

在法国和英国科学界百家争鸣的同时，德国人也做出了巨大的贡献。从莱布尼茨到康德，欧洲大陆热热闹闹地讨论着心智的本质。围观思想诞生、成型和改变的过程本身就是一件奇妙的事情。笛卡儿凭借其非凡的智慧与自信，提出了心智与脑由不同物质组成的观点，就像中世纪骑士丢出金属手套一般，向接下来两百年间无数学富五车、孜孜不倦的头脑发起了挑战。从很多方面来看，这场漫长的争论就是一场随时会有新人加入的大混战，在科学史上拥有其耀眼的地位。

白板、人类经验与神经科学的开端

17 世纪中叶，英国因为宗教与君主权力争端陷入了一场惨烈的内战。保皇党成员兼博学家（如果真的存在博学家的话）托马斯·霍布斯（Thomas Hobbes）因为在伦敦出版了一本评论时局政治的小册子而备受攻击，于是离开伦敦来到巴黎。在巴黎，他成了流亡中的查理王子（即后来的查理二世）

的导师，随后很快成了梅森沙龙的座上宾。物理学出身的霍布斯从一开始就对非物质灵魂的观点不感冒。他直白地否定了笛卡儿对灵魂的描述并称之为谬论。霍布斯认为，理性并非产生自某种神秘的非物质，它无非是身体用以维持大脑秩序的一种能力。霍布斯的思维方式和工程师一样：造出一套系统，想办法让它运作起来，这就够了，没什么玄乎的。

霍布斯的日程安排十分紧张，一边要辅导王子，一边要同时写两本书：一本关于视觉，一本关于身体及其机制。他需要一名助手，于是找到了年轻聪明的英国医学生威廉·配第。出于某种原因，霍布斯先入为主地提出了一个理论，认为感觉能够产生压力，从而引起心脏跳动。在年轻的配第的协助下，霍布斯研习了维萨里的著作，但未能从中找到证据来支持自己的理论。尽管如此，霍布斯依旧执迷向前，这点与许多科学家的本性相符。

霍布斯和配第一起进行了解剖实验，期望看到神经像海胆的刺一样从心脏上生长出来向各个方向延伸的景象。结果并非如此。尘埃落定后，霍布斯彻底放弃了自己的理论。和现实生活一样，科学研究也会受到社会环境的影响，使得思想得以在人与人之间来回传播。霍布斯的思维转变给配第留下了深刻的印象：如果假设与观察不符，就改变自己的想法。配第继承了这种在深入探索问题的同时依旧保持开放心态的研究方式。他返回英国时，从霍布斯那里获得了几件礼物，一件是物质上的——一台被他夹在胳膊底下带走的显微镜，另一件则是观念上的——他坚信人体由不同部件构成，运作方式如同机器。霍布斯送给配第的礼物中最珍贵的一件，则是教会他用观察和实验来回答问题，

> 百家争鸣
>
> 配第
>
> **人体由不同部件构成，运作方式如同机器。**

而不去扭曲观察结果以匹配自己的假设。相信我，这件事说起来简单做起来难。没人愿意承认自己是错的。

配第后来成了一名杰出的解剖学家。回英国后不久，他在牛津大学找到了安身之处。和前辈维萨里一样，他能稳定地获得绞刑犯人的尸体。另外一名年轻的医生托马斯·威利斯加入了他。威利斯是保皇党，同时也是一位坚定的圣公会教徒，这一身份在当地并不受欢迎，因此威利斯一直没接受过系统性教育。配第加倍努力地帮助他弥补了欠缺，并在5年后将威利斯培养为又一名同样乐意通过观察和实验来学习知识的优秀解剖学家。在配第和威利斯成长为科研主力军的年代，神经科学在英国还是一门刚刚起步的年轻学科。很快，人们在思考心智状态、意识乃至（对部分人来说）灵魂时，将再也无法忽视大脑的核心作用。

科学的一小步

在科学界树立威信需要付出诸多努力，在一个年轻的、未经考验的领域尤其如此。配第开始工作约一年后的某一天，一口棺材抵达了他的工作室，里面是一个名为安妮·格林（Anne Greene）的绞刑犯的新鲜尸体。这一刻，配第和威利斯受到了幸运的垂青。格林曾被强奸，后来因为杀死她的新生儿被判处死刑。她被勒住脖子悬挂了整整半个小时，朋友们在格林被挂上绞索时紧紧地拽住她的身体，用自身体重帮她缩短痛苦的时间，这在当时是常有的事。第二天，格林尸体被送检，配第的工作室很快挤满了观众。

有配第坐镇，尸体解剖俨然成为一项颇具观赏性的盛事。但是，在他入场之前，有人提前打开了棺材盖，只听里面传来了一阵咯咯声，情形有如爱伦·坡笔下的恐怖小说。当配第和威利斯赶来时，一名观众正在猛踩格林的胸口。他们发疯般地用尽一切手段对格林实施抢救，并且获得了成功。第二天早上，格林已经可以开口讨要啤酒了。法官想再次送她上绞架，但两位医生说服了他们，表示格林其实是流产（她只怀孕了 4 个月），孩子在出生时已经死亡。她被宣判无罪，后来拥有了三名子女。这桩轰动一时的事件让配第和威利斯名利双收。他们再也不需要四处寻求经济支援，从此开始了一段令人倾羡的研究生涯。

其后，配第和威利斯在一起又工作了 4 年。在配第的指导下，威利斯开始解剖死亡病人的尸体，以便更好地理解人体及不同疾病对其的影响，探寻疾病的起因。后来，配第找到了更好的职位，前往爱尔兰，在奥利弗·克伦威尔（Oliver Cromwell）领导的军队里担任军医（他后来成了著名的经济学家、国会议员，并参与创办了英国皇家学会）。威利斯接管了配第的工作。他开始对大脑萌生兴趣，并开发了一套新的解剖技术，使得他能够比前辈更清楚地观察大脑的结构。威利斯的合作者是克里斯托弗·雷恩（Christopher Wren）。雷恩平生有诸多成就（他同时是天文学家、外科医生和建筑设计师），其中一项便是率先使用了一门精妙的技艺，即向血管注射染料。在他的帮助下，威利斯向狗的颈动脉注射墨水和番红花染料，从而勾勒出整个脑部的血管系统。威利斯首次确定了脑底血管结构的功能，为了纪念他，这一结构被命名为“威利斯环”（Circle of Willis）。

威利斯和雷恩一起绘制了迄今为止最精确的人类大脑图谱，发表在著作《大脑解剖》（*The Anatomy of the Brain and Nerves*）中。这本书很快被抢购一空，在一年内就再版 4 次。书中的解剖学画作在其后的 200 年间都没有人能超越。

尽管有如此深厚的解剖学知识储备，威利斯依旧执着于那个似乎经久不衰的观点，认为躯体的生命活力全靠感性的灵魂来维持。不过，配第终归是指导有方。在学生们完成大量实验研究之后，威利斯最终转变了想法，同意其中并无灵魂参与。血液从空气中提取某种物质并将其传输给肌肉，从而成为躯体的驱动力。他们暂时还没想到化学元素氧的作用，但已经很接近真相了。

经过无数次动物解剖，威利斯发现人类的脑与其他动物的脑极为相似。基于观察，他得出了人类和其他动物的灵魂基本一致的结论，认为其差异仅存在于躯体。例如，嗅球大的动物嗅觉更灵敏。威利斯发现人类的大脑皮层远大于其他动物，从而认为大脑皮层是记忆的所在地，因为人类能记住更多东西。威利斯的思路看上去简单粗暴，但和现代神经科学的一些最有前景的观点十分接近。事实上，2016 年卡弗里奖就颁给了发现特定功能的脑区会越用越大的科学家迈克尔·梅泽尼奇（Michael Merzenich）。

话说回来，威利斯的动物解剖实验给他带来了一个严重的问题。人类的思维能力与其他动物截然不同，脑部构造却如此相似。由于无法找到任何一个脑结构来解释这一差异，他推理出一个结论，认为一定是有其他东西赋予了人类思考的能力，也就是理性灵魂。就这样，威利斯重蹈覆辙。因为无法在身体中找到理性思维的生理归属，他采纳了伽桑狄的观点，认为理性思维是非物质的，同时他也同意笛卡儿的看法，相信思维位于大脑。他认为神经负责从外界获取感觉，动物的灵魂随后将感觉运往大脑。来自各处的灵魂跟随神经通路来到大脑深处，最后汇聚在一个中央地带，即连通左右半球的巨大神经束：胼胝体。又一次，一个伟大的头脑在核心问题上偏离了正轨。这就好比一名现代科学家打开电脑机箱，没发现里边有什么特别的东西，便声称一定是主板上有某种非物质的灵魂在驱动电脑。

灵魂是国王，而非总管

身为保皇党的威利斯视理性灵魂为身体的“国王”。就像任何大型组织的首领一样，国王只知晓呈递给他的信息，而非对外界拥有直接认识。在此类组织架构中，呈递的信息可能是错的，也可能根本不会上达国王。因为大脑本身是一个生理器官，它或它的部件会生病，从而无法产生正常的智能，并对理性灵魂的信息渠道造成影响。大脑生病了，理性灵魂就可能出问题，甚至出现永久性的损伤。无论在当时还是现在，这都是一个强有力的观点。如你所料，为了证明自己的理论，威利斯描述了多个他所遇到的精神疾病病例。

> 百家争鸣
>
> 威利斯
>
> **理性灵魂是“国王”，只知晓呈递给他的信息，而非对外界拥有直接认识。**

在人类理解意识的征途中，威利斯是一个重要的人物，因为他是首批将特定大脑损伤与特定行为障碍联系起来的学者，同时他还认识到大脑不同区域负责不同的任务。他在著作《关于野兽灵魂的两个论述》(*Two Discourses Concerning the Soul of Brutes*) 中阐述了这些观点，认为脑能够在不同区域而非单一脑区自动完成多个任务；他还描述了大脑的信息交流通道，不过当时人类还没有发现电，在他的观点中，通道传输的是灵魂，而不是电信号。他推动了历史的巨轮，为认知神经科学这门向理解人类认知体验发起冲锋的现代科学奠定了基础。

洛克的崛起

人们通常认为，威利斯的解剖学实验成果和理论思想对后来的著名哲学家约翰·洛克影响深远。他同样是医师出身，曾在牛津大学受教于威利斯。学生时代的洛克觉得有意义的课程并不多，威利斯的解剖学讲座算一门。洛克随后同另一位医师托马斯·西德纳姆（Thomas Sydenham）成为挚友，后者也是威利斯的校友。西德纳姆通过亲身实践掌握了大部分医学知识，这种方法逐渐被洛克认同为学习的基础。

在接诊数百名病人之后，西德纳姆逐渐意识到，一些疾病具有类似的症状，不管病人的身份是萨塞克斯郡的铁匠还是约克公爵本人。他开始相信疾病能够通过症状特征来区分，并开始像给植物分类一样对疾病进行分类。这是一个具有划时代意义的举动，因为直到当时，盖仑建立的诊断和治疗方法依旧广受推行，而这套方法在很大程度上是带有主观性的。在盖仑看来，每位病人的疾病都由独特的体液失衡引起，因此需要量身定制治疗方案。和他不同，西德纳姆开始了实证医学的早期实践。他在一群有同样病症的病人身上尝试了不同的疗法，并根据疗效评估和调整药物。颇具讽刺意味的是，反倒是盖仑的观点更贴合现代医学新兴的个体化疗法风潮，西德纳姆的观点则更符合系统医学思路，即对所有症状相同的病人实施标准化的治疗流程。在本书第 7 章和第 8 章中我们将看到，科学界经常会像这样出现不同的方法流派，从而引发“非此即彼”的大争论，然而事实上总存在至少一个其他选项。这就是所谓的“假两难推理”，属于一种非形式谬误。你或许没有想到，最终是物理学家站了出来，证明通常来说没有任何一种答案能独立解释一切。在讨论神经元如何产生心智的问题时，这种思想就变得非常有用了。

你或许已经猜到了，作为一名未来的哲学家，洛克对西德纳姆的方法进行了追问：真的要先知道病因才能对之进行治疗吗？病因真的是能找到的吗？威利斯认为病因是可知的，并通过解剖和实验来寻求病因，洛克和西德纳姆却不这么想。他们最终得出结论，认为病因是超越人类认知范围的。洛克在后期更是相信，心智的运作机理和万物的真理同样是不可知的。他采用西德纳姆研究疾病的方法来研习哲学：限定自己只基于日常经验来讨论哲学思想。基于这种立场，洛克顺理成章地提出了著名的“白板说”，拉丁语称“tabula rasa”，即认为心智源于经验和自我反思。这一思想构成了当今社会科学的经典人类理论：后天经验占主导地位。

洛克最终和笛卡儿一样成了二元论者，但他们的思想在很多细节上存在差异。洛克从心理学角度对灵魂进行了阐释，并写道：“意识是人对进入自己心灵的东西的知觉。”[1] 根据他的观点，这种对知觉的知觉或察觉是通过一种“内在感觉”来实现的，他将之称为“反思（reflection），其所提供的思想仅通过心智对自身运作的反思来获得”。洛克甚至进一步提出，潜意识的心智状态是不可能存在的：“人无法不通过知觉来知觉自己是有知觉的。”

> **百家争鸣**
>
> 洛克
>
> **意识是人对进入自己心灵的东西的知觉。**

与笛卡儿不同，洛克切断了灵魂与心智（会思考的东西）之间的联系。回忆一下，对笛卡儿来说，心智和灵魂是一体的：思想是心智的主要属性，物质不可能脱离其主要属性而存在。因此，心智无时无刻不在思考，甚至包括睡眠状态，即便此时产生想法会被立刻遗忘。洛克同意心智在清醒状态下是时刻保持思考的，但是，基于自己的经验，他不认为人在无梦睡眠状态时依旧会思考。不过，睡着的人肯定是有灵魂的；不然人如果在睡觉的时候死了该怎么办？因此，对洛克来说，（拥有意识性质的）心智和灵魂必然是分开的！多简单的推理！

笛卡儿同时还将意识的内容限定为当前的心智运作。洛克则没有这样的限制。他认为人们完全可以对过去的心智运作和活动持有意识。洛克将意识视作将个人经历整合为自我意识和个人同一性的“黏合剂”。他相信正是意识让我们觉察到自己过去的经历是属于自己的。他认同笛卡儿关于人类具有自由意志的观点，却又通过引入全知全能的上帝来回避物质如何产生自由意志的问题，只是声称这都是上帝的作品。

以上就是一群全世界最聪明的人针对身体、心智和灵魂的运作机制提出的模型。他们用自己观念中那些无可争辩的事实来拟合这个模型，用以把人类和动物、神明、心智及意识区分开来。这就是模型制作者的行事风格，直至今日依旧如此。他们创立一个模型，随后不断地进行修改，所有的改动理论上都基于新获得的信息，直到模型看上去能被用来解决问题为止。他们在这种情况下提出的模型是相当混乱的。

17 世纪末，关于意识的理论数量庞大却令人困惑。科学界已经积累了很多相关的事实证据，有朝一日会为后来的理论学家提供框架基础，但依旧缺乏一个基础的、综合的概念结构来解释意识究竟为何物。哲学家们就整个意识问题争执不休，有些人甚至认为意识这一哲学概念本身就毫无逻辑可言。终于，少年老成的英国哲学家大卫·休谟站了出来。他早就对哲学家们“无止境的争论”感到不耐烦了，并在 18 岁时将意识问题扶上了前进的快轨。他认为古人关于道德和自然的哲学“完全出自假想，更多地依赖捏造而非经验”。[2]

准备迎接现代观念

在横空出世时，休谟俨然一副权威瓦解者的姿态，已准备好打破一切唯心主义的空谈。他认为“心智对于肉体是超自然存在”的观点根本是谬见，更直白地说就是愚蠢。他希望能舍弃这一观点，建立一门探索生命真理的科学。休谟也的确做到了，他从此扭转了人类对心智本质的思考方式，其影响持续了几个世纪。

休谟很快发现，和他同时代的学者中间依旧风行着许多古代遗留的错误思想，例如基于猜测和捏造建立假设，而非遵从经验和观察。休谟认为，人们对现实的理解来源于自身的经验以及个人选择相信的公理，后者可能是好事也可能是坏事。所谓公理，即那些看上去显而易见或根深蒂固的论点，它们由于过于理所当然而被广泛接受，从未引起过争议，也没有人对此提出质疑，并在毫无证据的情况下被拿来四处声张。简而言之，公理在本质上就是一类未被证明的假设或观点。因此，基于公理来理解世界的问题在于，一个人对事实真相的总结会因其所选的公理不同而不同。杜克大学的物理学家罗伯特·布朗（Robert Brown）曾经如此警告世人：“在哲学分析的过程中，没有什么比选择公理更危险、影响更大……和一个与自己在公理信条上截然不同的人争论哲学、宗教或社会问题是毫无意义的。”[3]

事实上，休谟总结称哲学家提出的许多问题都属于“假问题”，此类问题无法通过逻辑、数学方法或单纯的推理来回答，因为他们给出的答案总会在某一层面落在一个未被证明的信仰或者公理上。他认为哲学家应当停止浪费大家的时间，像科学家那样，不再花费笔墨讨论假问题，抛弃他们那些先验假设，控制自己的胡思乱想。他们必须拒绝一切不是建立在事实或观察基础上的事物，其中就包括任何超自然概念。休谟把矛头对准了包括笛卡儿在内的那些自认为已经通过推理、数学和逻辑彻底参透二元论哲学的学者。如今，休谟式的立场非常普遍，部分原因在于现代哲学学者大多在研究型大学工作，被各种科学实验包围。笛卡儿式的观点依旧存在，但往往不受主流哲学家或科学家待见。不过，在 18 世纪早期，休谟对笛卡儿的攻击可谓十分大胆，充满了开创性。

休谟的伟大计划是创立一门"人性科学"，也就是利用牛顿的科学方法，寻找和牛顿物理世界相洽的心智运作法则。他觉得探寻人类的本质，长处也好弱点也好，都能让我们更好地理解人类的总体行为模式。它也能让我们看清人类智能的潜力和缺陷，譬如我们思维中的哪些方面可能会限制我们对自身的认识。事实上，他认为他所提出的人性科学应当被摆在头号位置，地位甚至超越牛顿科学，对此他写道："即使是数学、自然哲学和自然宗教，在某种程度上也依赖人性科学；因为它们都源自人类的认知，并接受人类能力和才智的审视。不彻底掌握人类认知的极限和力量，就无法得知我们在这些科学领域到底能达成怎样的成就和进步。"[4] 正如人们所说，休谟开始动真格了，他为心脑这一混沌的领域带来了不留情面的清醒态度。一些人认为他才是认知科学之父。

1734 年，23 岁的休谟前往法国安茹，在笛卡儿的母校拉弗莱什公学求学。闲暇之余，他完成了经典巨著《人性论》(*A Treatise of Human Nature*)，后来他对此作进行了重写、强化、修订和整理，并在 1748 年出版《人类理解研究》(*An Enquiry Concerning Human Understanding*)。为了展开论述，他将所有知觉划分为两类：一类为“印象”(impressions)，其中包括外在感觉和诸如欲望、激情和情绪在内的内在反思；另一类为“观念”(ideas)，来源于记忆或想象。他提出观念在本质上是来自于印象的，并用“意识”一词来指代思想。这就是休谟在人性科学中建立的第一原则，也被称为“复制原则”(copy principle)：“我们全部的简单观念在初次出现时都来自简单印象，简单印象与简单观念相对应，并被简单观念精确复现。”[5]

百家争鸣

休谟

一切关于事实的推理似乎都建立在因果关系上。

但是，休谟指出，我们的观念不是随机出现的。如果观念是随机的，我们就无法进行连续的思考。对此他提出了“联系原则”(principle of association)：“观念之间存在一种秘密的关联或联合，使得一个观念在出现时会引发其他观念。”[6]他进一步指出，这种联系遵从三大原则：相似关系，时间和空间连续，因果连接。其中，休谟意识到因果连接能够让我们超越自身感觉：它可以连接当前与过去的经验，并对未来进行预测。休谟总结道：“一切关于事实的推理似乎都建立在因果关系上。”[7]这个结论的诞生预示着笛卡儿的二元论的没落。

对休谟来说，因果关系包含三大基本组成部分：时间优先，空间相邻，必然联系。休谟称时间优先的观念来源于观察和经验。如果我们说事件 A 导致了事件 B，那就意味着事件 A 必然发生在事件 B 之前。空间相邻的观念同样来源于观察，因为当我们观察到事件 B 并说它是由事件 A 引起时，两个事件通常是相邻的。当我用橄榄油炒大蒜时，我的房子会立刻充满令人垂涎的香气，而且这件事不会发生在两小时之后，也不会发生在邻居家。我之所以能从中推测因果，全是因为油锅中的蒜和香气在时间和空间上相邻。

第三个组成部分，即必然联系为休谟带来了问题。休谟认为，因和果之间的必然联系不是单纯的推理产物，也不是他所说的“观念之间的关系”，即某种能够不依赖日常经验被发现或确证的规律，例如“4×3=12”。然而事实不是这样，必然联系是需要经验的。例如，当我在炒大蒜时，电话铃突然响了。我会认为炒大蒜是电话铃响的原因吗？不会。我的大脑会认为二者没有必然联系，除非我每次炒大蒜电话铃都会响。

假设有人给了你一把你不认识的白色粉末，你不会知道吃下这些粉末会导致哪些后果。哪怕你是一名火箭科学家，你能做的也只是描述这把粉末的颜色、质地和气味，如果你是一名足够鲁莽的火箭科学家，尽管这听上去有点矛盾，你或许还能描述它的味道。但是，没有实际的观察或者关于粉末效果的过往经验，你无法知道吃粉末的后果，也不能对之进行预测。休谟认为，因和果之间存在必然联系的观点是我们的大脑根据经验形成的观念，但它并不是我们赖以形成感觉的外在世界的真实属性。休谟论证称，当人们判定任何一组事件之间存在因果关系时，仅仅是因为他们观察到两个事件总是一起出现，就比如事件 A 之后总会出现事件 B，但是，就像人们说的那样，相关不等于因果。他分析道，通过二者联系，一个事件带来的印象能引发人们对另一个事件的印象，如果两个事件的印象总是同时出现，人们就会对这种联系习以为常。因此，当我们看到事件 A 时，出于习惯，我们会期望事件 B 的发生。我们在炒大蒜时会期望闻到香味，因为这两个事件总是连续发生的，但我们并不会期望听到电话铃响。此时的休谟相当于预见了巴甫洛夫和他的条件反射实验。休谟最后得出结论，如果两个事件间的习惯化联系无法被感官实际观察到，那么我们产生的所谓因果观念只可能来源于我们大脑中的强迫性关联，后者会让我们产生期望感，也就是因果概念的来源。

因此，基于重复的经验，我们会出于习惯推断或设想将来所有的事件 A 后都会跟随事件 B。这就会产生一种令人逻辑混乱的情况。打个比方，你这么多年来一直都能吃虾，直到某一天晚上，你自己开车带着两岁的孩子去父亲的钓鱼小屋和他见面，中途停下来在路边的小餐厅吃一顿便餐。你迫不及待地咬住了鲜嫩多汁的虾肉，几秒钟之后，你喉咙闭锁，呼吸困难。你发现自己过敏了。你没有体验到餐后赛过活神仙的幸福感，反倒是被一顿饭打入了地狱。我们是如何从“我吃虾没问题”的观点转至“我今天晚上吃虾肯定没问题”的？这个推理通常来说是成立的，在一些罕见的情况下却又不成立 [这就是作家纳西姆 · 塔勒布（Nassim Taleb）所说的“黑天鹅事件”]。问题在于，要想对将来进行因果推断，我们必须首先假设将来事件的影响和过去的事件一样。每天我们都会多次进行这种假设。我们又是如何得出这一假设的呢？休谟表示，我们做出假设的基准并不是逻辑或者推理，因为，基于逻辑，我们很容易想到未来的事件影响可能会不一样。哪怕在昨天或者过去 5 年间，你出门发动汽车时都没有遇见故障，但基于逻辑，你完全可以想到，这一次转动发动机钥匙后汽车可能会毫无反应。休谟也对我们所使用的或然性（经验）推理提出质疑，因为这种推理是循环论证的：其依赖的前提假设正是其试图证明的对象（例如将来事件的影响和过去一致）。他总结道，人们之所以会坚信世界是统一的，且将来事件的影响与过去一致，不是因为理性，而是源于我们的心理感受，是一种建立在关联行为上的习惯。

这是一个极其冒险的想法，休谟自己也清楚这一点。这是在质疑因果概念本身，乃至明言因果关系是一个公理，也就是一个不可能被证明的假设。休谟承认效应均有其因；他只是在怀疑我们对因果关系存在的信念到底从何而来。1754 年，休谟在给爱丁堡的自然哲学教授约翰·斯图尔特（John Stewart）的信中写道："请容许我向您澄清一件事，我从未主张过如此荒谬的观点，认为事物会没有起因：我只是坚信，我们之所以会认为这种观点是错误的，不是因为我们的直觉或论证，而是另有原因。"[8]

休谟表明，如果没有因果论，人类对世界的探索将变得无比困难；尽管如此，因果关系依旧是一个公理，无法通过数学、逻辑或推理对之进行证明。休谟敬仰牛顿，却又对牛顿科学理论的哲学基础，连同自然界与心脑的机械属性，都提出了质疑。在随后的章节我们将看到，对机械属性的质疑将带领我们进入一些非常有趣的领域。

我是谁，自我是什么

> 百家争鸣
>
> 休谟
>
> **自我无非是一堆由因果和类似关系联系在一起的经验，诞生自我们绵延不绝的知觉活动。**

休谟对"自我"，也就是我们的人格同一性，同样也有自己的看法。他的这些看法来自他的自省，休谟从中总结称，自我由一组知觉组成，但这些知觉并没有依附的对象："就我个人而言，当我深入我所认为的'自我'时，我总会被或这样或那样的知觉绊住思绪，热或冷，光或影，爱或恨，痛苦或愉悦。我从未捕捉到没有任何知觉的自我，也未能观察到知觉以外的事物。"[9]不过，他也承认自己的确存在人格同一性的认知。他将此归结为知觉的关联。对休谟来说，自我无非是一堆由因果和类似关系联系在一起的经验，诞生自我们绵延不绝的知觉活动。我们脑中的想象组合在一起，同一性的概念就此产生。记忆进一步将这一认知从瞬时的知觉体验延展开去，使之与过去的知觉建立联系。

换句话说，休谟认为，我们之所以能够拥有永久的自我同一性的概念，是因为我们的思维方式出现了错误，错将一系列类似我们的知觉活动的彼此关联的事物处理为一个连续不变的、身份恒定的物体，譬如一把椅子。休谟称，为了"达成这一谬论，我们经常会捏造出一些新的、晦涩难懂的原则，以便将物体（知觉）联结在一起，使之不被打断、保持恒定。因此，为了掩饰变化的存在，我们有了灵魂、自我和物质的概念。但是，我们进一步观察会发现，即便在一些情况下我们没有产生此类臆想，由于将关联误解为同一性的思维惯性是如此强大，我们依旧会设想，在关联关系之外，还有其他未知的神秘力量将事物的不同部分组合在一起"。[10] 但是，如今依旧有很多人用这种方式看待意识，若休谟知道了，或许会在地底对这些人训斥一番吧。

休谟对笛卡儿提出的"思维物"（res cogitans）概念，即"会思考的物体"，同样嗤之以鼻。休谟不认为心智是一个会思考的物体。在他看来，心智更像一个大脑提供娱乐活动的剧场："心智就像一个剧院，诸多知觉你方唱罢我登场；知觉出现，消失，重现，以无数种姿态和方式交互。"[11] 休谟认为，多个不同的经验并不一定会形成一个独立统一的对象。通过自省，他推断我们对自我的感知只能是一堆知觉和想法，而从未捕捉到产生这些知觉和想法的心智本

> **百家争鸣**
>
> 休谟
>
> **心智就像一个剧院，诸多知觉你方唱罢我登场；知觉出现，消失，重现，以无数种姿态和方式交互。**

身。在他眼中，自我是一组没有组合介质的知觉，其中并没有什么牢固的、持久不变的本质。如果名为“我”的基石并不存在，实体二元论就是错误的。

我们终于抵达了 18 世纪下半叶，看到该世纪最伟大的哲学家对笛卡儿和洛克同时提出了质疑。但即便伟大如休谟，他也有一个严重的疏漏：我们脑中其实还存在着许多静默的心智活动，同样能够影响我们的行为。潜意识监控着我们每一个人，就像藏在你家的一名间谍。这听上去像一种超自然力量，但它其实是发生在意识觉察水平之下的自然过程。

德国人与潜意识心智

终于，德国人加入了这场大讨论，并搅热了潜意识加工这一议题。亚瑟·叔本华曾这样写道：“每一个时代的思潮都像一股凌厉的东风穿透一切。你能从人类所有成就中找到它的痕迹，无论是思想还是著作，音乐或是画作，抑或是繁荣一时的这样或那样的艺术：它在所有事物上和所有人身上都留下了烙印。”[12]

在 19 世纪早期，对我们的探索之旅来说，这股凌厉的东风来自德国，或者更具体一点儿，来自叔本华之口。在他的推动下，笛卡儿学说的风头不再，后者相信心智是可被研究的，而有意识的思考可以解释一切问题。叔本华是一名哲学家，致力于研究个体驱动力。他认为人类的驱动力并不怎么好看：比起智慧，人们更容易被其意志驱动，尽管对此他们可能会坚决否认。在他于 1818 年出版的著作《作为意志和表象的世界》（*The World as Will and Representation*）一书中，他总结称“人类能做他想做的，却不能要他所想的”。总而言之，不仅意志（即我们的潜意识驱动力）占据了主导，而且我们的意识无法察觉这一点。叔本华进一步明确了这一观点，将意志形容为盲目而强大，称智慧能看见东西却又跛脚：“对二者关系最惊人的描述莫过于一个强壮的瞎子扛着一个明眼的拐子。”[13]

百家争鸣

叔本华

“意志”是意识问题的关键所在，它填充了意识。

叔本华的理论将意识问题提升到一个更广阔的层次。心智负责逻辑加工，表现完美，但“意志”，这个让我们充满活力的因素，才是意识问题的关键所在：“意志……通过愿望、情绪、激情和关注填充了意识。”[14] 直至今日，“意志”的潜意识活动依旧是个未知领域，研究进展甚少。当我写下这段文字时，AI（人工智能）领域的积极分子们正在努力编写程序，好让机器能像人一样思考，但是他们完全回避或忽视了心智活动中关于“意志”的一面。也正是基于这一原因，世界一流计算机科学家、耶鲁大学的戴维·杰勒恩特（David Gelernter）直言，AI 技术的发展是无法尽如人意的，因为“按照目前的情况，AI 领域还没有任何能够涉足情绪活动或实体躯体控制方面的技术，因此人们干脆拒绝讨论这方面的话题”。他认为，人类的心智在数据和思考之外包含更多的是情感，人的经历、情绪和在漫长一生中被反复咀嚼重组的记忆造就了这个人独特的心智活动：“心智宿于肉体，意识是整个身体共同创造的产物。”他还说，用计算机科学的术语来讲，“我能在任何设备上运行同一个应用，但我能在你的大脑中运行其他人的意识吗？显然不行”。[15] 想象一下，如果沙奎尔·奥尼尔（Shaquille O’Neal）和大导演丹尼·德维托（Danny Devito）互换大脑，丹尼会开始不由自主地低头躲门框，“大鲨鱼”奥尼尔打篮球时根本投不进篮筐。

按照叔本华的观点，意志就是求生欲，是让人类和所有动物繁衍的推动力。他认为，人生最重要的使命和一场风流韵事的终极产物一样，即诞生后代，因为这决定了下一代人类的构成。叔本华将智力置于次要地位。智力手中没有方向盘，无法控制行为的走向，对意志做出的决定也完全不知情；它只是一个事后诸葛亮，负责编造故事来解释意志的所作所为。

叔本华将有意识的智力拉下了王位，同时打开了名为“潜意识”的潘多拉之盒。在他的形容中，我们能直接感知到的意识想法仅仅是一潭深水的表面，水面之下隐藏着无法被我们直接感知的情感、知觉、直觉和体验，并混合着我们的个人意志：“意识只不过是心智的表面，心智就像地球，我们只知其表，不知其里。”[16] 他说人真正的思维活动很少发生在表面，因此其中鲜有能被称为“心知肚明的判断”。

叔本华引导我们走进潜意识加工的世界，等到弗洛伊德成为万众瞩目的焦点，已经是数十年之后的事情了。但是，叔本华绝非提出潜意识概念的第一人。回想一下，盖仑就曾注意到身体的许多活动都在意识范围之外进行，尤其是那些生存必需的活动，诸如呼吸和“三急”。到了 19 世纪，潜意识概念风头再起。1867 年，在对眼球机理进行多年研究之后，德国唯物主义医生、物理学家、哲学家赫尔曼 · 冯 · 亥姆霍兹（Hermann von Helmholtz）提出，视知觉中存在潜意识的加工过程，即某种非自主的、前理性的类反射机制：脑的视觉系统能够将外来的原始视觉信号拼接成最连贯统一的图像[17]。这一过程与休谟在其复制原则中提出的加工不同，但也不算是一个新概念。早在 11 世纪，阿拉伯的科学家阿尔哈曾（Alhazen）就已提出过类似的想法。

亥姆霍兹是厄恩斯特·布鲁克（Ernst Brücke）的导师，后者同样是一名唯物主义医师兼物理学家。他们都致力于证明心智的组成元素是物理物质，且元素间的因果关系遵从物理和化学原理。不存在生命灵气和神秘主义，也没有所谓鬼魂。心智和身体是统一的。布鲁克后来去维也纳大学担任生理学教授，并在那里对一名学生造成了深刻的影响，这位学生就是西格蒙德·弗洛伊德。你能否想象当时的知识分子和科学界中洋溢的那种浓烈的兴奋感？意识问题下再也没有什么怪力乱神。有的只是脑，脑由不同部分组成，其中许多部分在意识觉察范围之外运作，一切遵从化学和物理学原理。

1868 年，荷兰眼科医生弗朗西斯科斯·唐德斯（Franciscus Donders）想出了一个好点子，这为后来那些对研究大脑功能感兴趣的学者提供了一个新工具。唐德斯发现，人们可以通过测量反应时间的不同来推测认知过程间的差异。他提出，人识别颜色所需的时间是对特定颜色反应所需时间与对光线反应所需时间的差。基于这一构想，心理学家们意识到他们能够通过测量行为来研究心智，实验心理学就这样诞生了。正是唐德斯提出的这一研究方法，结合他对大脑耗氧活动提出的划时代洞见，最终推动了百余年后脑科学的一项重大突破：用脑成像技术研究认知过程。这一技术的先驱是圣路易斯华盛顿大学的马库斯·雷切利（Marcus Raichle）、迈克尔·波斯纳（Michael Posner）和其同事。

关于深藏脑中的潜意识心智的讨论传播到了英国，到了 1867 年，这一观点已被当地学者接受，正如英国心理医生亨利·莫兹利（Henry Maudsley）所写："德国部分形而上学心理学家所说的前意识心智活动，及潜意识心智活动，现已能被确证为不争的事实，即便是最狂热的内省派心理学家也不得不承认，自我意识不能解答我们的疑惑。”[18] 莫兹利进一步宣称“潜意识心智活动是心智活动中最重要的组成部分，是思维所依赖的核心机制”[19]。

> 百家争鸣
> 莫兹利
> **潜意识心智活动是心智活动中最重要的组成部分，是思维所依赖的核心机制。**

此后不久，在 1878 年，英国学术杂志《大脑》（*Brain*）正式出版发行。次年，博物学家弗朗西斯·高尔顿（Francis Galton）在该杂志中发表了一篇论文，阐述了他通过在自己身上实施的一项实验所获得的发现。他看着卡片上写的一个词，用计时器记下自己从中联想出两个想法所花费的时间，并将这些想法记录下来。他共使用了 75 个词，在 4 个不同地点进行了这项任务，每次任务间隔约一个月。实验结果令他感到十分惊讶。75 个词，重复 4 次，他竟然从中只联想出了 289 个不同的想法。25% 的词在 4 次任务中引发了完全相同的关联词，另有 21% 的词在 4 次任务中有 3 次引发了同样的关联词，变化程度远低于他的预期。“我们的心智之路已被刻入深深的车辙。”高尔顿如是说。他最后总结道：

> 这些实验结果给人印象最深之处大概是其体现了心智在半潜意识状态下运作的多样性，以及其有力地证明了深层心智活动的存在，这种活动完全藏于意识水平之下，或能为此类心智现象提供唯一可能的解释[20]。

与此同时，有意识的心智即将发展为一个独立的领域。1874 年，德国生理学教授威廉·冯特（Wilhelm Wundt）出版了实验心理学领域的第一本教科书《生理心理学原理》（*Principles of Physiological Psychology*）。书中，他将这一新学科界定为对思想、直觉和感受的研究。冯特对研究意识格外感兴趣，并认为这应当成为心理学的核心目标。他概述了一套通过自我审视来研究直接意识体验的体系，其中包括客观观察个人的感受、情绪、欲望和想法。5 年后，在莱比锡大学，他创立了首个心理学实验室，从而为自己赢得了“实验心理学之父”的称号。他认为，我们能够通过实验方法找寻人类内心活动的定律。冯特还相信，神经生理学和心理学是从不同视角研究同一个问题，前者从内部出发，后者从外部出发。

百家争鸣

冯特

我们能够通过实验方法找寻人类内心活动的定律。

弗洛伊德和他对机械主义的颠覆

同一时期，弗洛伊德切实地推进了“潜意识心智”这一算不上全新的突破性概念。弗洛伊德的心理分析理论给世人带来了极大的冲击，也或许是这股巨大的冲击力使得他的理论进入黄金时代？不管怎么说，在其事业早期，弗洛伊德就已经有些不自量力了。1895 年，他出版了《科学心理学方案》（*The Project for a Scientific Psychology*）一书，书中大力宣扬一种超物质主义思想，认为所有心智活动都等同于神经活动。他宣称，迈向科学心理学的第一步即为确认并精准描述各种与心智活动相关的神经活动，这与现代科学寻找意识神经相关物的目标或有些许类似。就这还不够，他进一步提出了第二步，“消除还原论”：摒弃过去描述心智状态的术语，用一套新的神经学术语取而代之。因此，当你想表达嫉妒的时候，你不再说自己“感到嫉妒”，而应说自己的“大脑 J2 区正在以某一特定速率发放”。弗洛伊德甚至提议，这一变化不仅适用于脑研究学者，更应当推广至所有人。他说的确实是所有人。如果真如他所说，人类的诗歌将面目全非，比如情人节卡片上印刷的情话将变成：

“当我的 L987T 神经元接收到你的脸的信息时，我的 p392J 神经元发放速度提高了 95%。” 如果 “我的” 这一概念也用编号来表示的话，只怕句子就更长了。

书新鲜出炉后没多久，弗洛伊德又彻底转变了想法。哲学家欧文 · 弗拉纳根（Owen Flanagan）说：“1895 年，《科学心理学方案》写就的当年，弗洛伊德声明这是一场‘试图用心理学解释心灵过程的无意义的伪装。’”[21] 不仅如此，他还认定心智活动只能用心理学术语来描述。还原论什么的也不需要了。根据弗拉纳根的调查，这一论调的根源或许来自弗洛伊德在医学院的一名导师即德国哲学家、心理学家兼前任牧师弗朗兹 · 布伦塔诺（Franz Brentano）。

布伦塔诺希望将自然科学领域严谨的研究方法引入哲学和心理学领域。他把心理学研究方法分为两种，分别命名为 “发生心理学” 和 “描述心理学”。发生心理学从传统的经验主义第三人称视角出发研究心理学问题，而描述心理学则着重以第一人称视角描述意识现象，后者也被布伦塔诺称为 “现象学”。他赞同 18 世纪哲学家们的观点，认为所有知识都来源于经验，并主张心理学必须依靠内省法来对人的内在体验进行实证性研究。从这里可以引申出 “意识” 的另一个定义：对体验现象的觉察和主观感受，我们将在下一章讨论这个问题。

布伦塔诺坚信，心智现象和物理现象之间的差别在于，物理现象是外在知觉的 “对象”，而心智现象是包含内容的，并且总与某事 “有关”，也就是说，心智现象是指向对象的。布伦塔诺进一步强调，心智现象所指向的对象 “不应被理解为一个物体”[22]，而应是一个语义对象。因此，你可以盼望看到一匹马，也可以盼望看到一头独角兽，后者即为一个完全出于想象的对象。你甚至可以期望原谅，不管属不属于想象，这都是一个语义对象，尽管不是那种能放在桌上的物体对象。布伦塔诺认为“相关性”是意识的主要特征，并用“意向的内存”（intentional inexistence）一词来描述思维对象的状态。欧文·弗拉纳根写道：“这一观点，也就是后来人们所知的‘布伦塔诺理论’，它认为倘若缺乏相关概念用以描述心智状态的内容，任何语言体系都无法充分表述心理现象中的重要事实，其中便包括物理学或神经科学语言。”[23]

弗洛伊德将从病人那里获得的经验进行总结，并将其与潜意识过程的概念关联起来，构建了一套系统的心理学理论。他将心智分为三层：一为“意识”，即所有能被我们察觉的活动；二为“前意识”，包括一般意义上的、能够提取并送往意识层面的记忆；三为“潜意识”，即所有无法被意识觉察的感受、冲动、记忆和想法。涉及情绪、欲望和动机的加工过程无法被意识觉察，这一观点并非首次出现。笛卡儿就曾反复论述过，在笛卡儿之前还有 14 世纪的奥古斯汀和 13 世纪的托马斯·阿奎那，其后又有斯宾诺莎和莱布尼茨，均发表过类似见解。弗洛伊德的独到之处在于，他认为绝大部分潜意识活动都是“上不了台面”的。并且，根据他的理论，潜意识几乎影响了我们所有的思维、感受、动机、行为以及体验。

> **百家争鸣**
>
> 弗洛伊德
>
> **心智分为三层：一为“意识”，即所有能被我们察觉的活动；二为“前意识”，包括一般意义上的、能够提取并送往意识层面的记忆；三为“潜意识”，即所有无法被意识觉察的感受、冲动、记忆和想法。**

奇怪的是，作为一个科学心理学的支持者，弗洛伊德从未允许他人使用新兴的实验心理学手段来验证他的心理分析理论。弗洛伊德的部分观点的确经受住了实证的检验，例如现在我们普遍认为绝大多数认知活动都是在潜意识下进行的，但是，他提出的精神病理学理论经不起推敲，逐渐被后人丢进了垃圾桶[24]。

达尔文向所有人发起的挑战

随着潜意识心理过程这一观点逐渐被接受，19 世纪的另一个伟大思想诞生了，这一回发源地转到了大不列颠群岛，对应的大事件便是查尔斯·达尔文于 1859 年出版《物种起源》(*On the Origin Species*)。《物种起源》头几版销量都很好，并很快引起了国外关注。在书中总结部分，达尔文同样用以下内容表达了自己对身心二元论的反对："展望遥远的将来，我看到了更为重要的研究领域。心理学将建立于一个全新的基础，即通过渐变获得心智力量和能力的基础。人类及其历史的起源终将被阐明。"[25] 起初人们还略有微词，等到 1871 年《人类的由来及性选择》(*The Descent of Man, and Selection in Relation to Sex*) 一书出版时，达尔文的物竞天择理论已被科学界和许多普通民众接受。他在此书中详细列举了诸多例证，表明动物和人类共有连续的物理和心理特征，并总结道："人与高等动物在心智方面的差别尽管巨大，但该差异只存在于程度，而非种类。"[26] 达尔文此处意有所指，并非说动物也拥有永生的灵魂，而是再次反对了身心二元论。

正如人们常说的那样，达尔文是一个言辞和善的人，他甚至为破坏了许多人的信仰而感到歉意，其中就包括他的妻子。为了照顾人们的信仰，在《物种起源》的结尾，他写下了一段振奋人心、充满希望的话：

> 这样，从自然界的战争里，从饥饿和死亡里，我们能体会到最可赞美的目的，即高级动物的产生，直接随之而至。认为生命及其若干能力原来是由“造物主”注入少数类型或一个类型中去的，而且认为在这个行星按照引力的既定法则继续运行的时候，最美丽的和最奇异的类型从如此简单的始端，过去，曾经而且现今还在进化着；这种观点是极其壮丽的[27]。

达尔文认为，他的理论也一定能解释人的心智能力。这一部分理论在当时引发了更激烈的争议。反对之声既来自传统的二元论派，也来自洛克和休谟的经验主义追随者。按照洛克和休谟的观点，人类的大脑如同“白板”，其中所有知识都来源于感觉经验。正是因为这些争议，意识研究的发展饱受阻碍多年。终于，一个扎根于休谟的关联原则的心理学研究方法占据了主流，这就是行为主义（behaviorism）。

19 世纪末，许多哲学家相信心智必须依赖肉体的大脑而存在，后者以某种形式承载了记忆和认知。一些生理学家认为脊髓神经也参与这一过程，另外一些则坚信整个身体均对此有贡献。

洛克将心智从灵魂中分离出来，并赋予其理性反思、伦理行为和自由意志的能力。心智是意识、意志和人格的基础，但它是会犯错的，会产生幻觉和误差，并且它手头的武器只有有意识的想法。潜意识深层的活动永远不会浮出水面。洛克没有正面回答物质如何产生自由意志的问题，而是引入了一个全能的神，并声称一切都是神的产物。休谟则摈弃了这些超自然力量，并尝试建立一门真正的关于人类心智的科学。在此过程中，他发现了人类心智的极限，即所有思想都受制于其能力。因此，通过弱化人类掌握物理因果关系的基础，他甚至对用牛顿力学的哲学基础来审视世界的可行性提出了质疑。

叔本华认为，驱动我们的是潜意识的动机和目的，而非有意识的思考，这使他更像一位后验主义的支持者。亥姆霍兹表明我们的知觉系统不是一台单纯的复印机，而是会将知觉信息以最佳推测方式拼凑在一起。接下来登场的是达尔文，他将我们的脑定位在一个不断进化的连续体中，并指导我们利用自然选择的思想来研究脑的进化过程，而将上帝踢出了牌局。

就这样我们来到了 20 世纪，依旧充满困惑，依旧怀着同样的问题，但手上多出了几项新的研究武器：测量不同任务的反应时变化，以及利用新的描述心理学方法关注主观的第一人称视角。接下来的 100 年必然会诞生许多新的思想、新的科学发现，以及全新的理解意识的方式。人类破解了原子结构，破解了 DNA（脱氧核糖核酸）密码，登上了月球，并且开始能给活人大脑拍照片。在这些突破性进展中，总有那么一两个能向我们揭示意识的真相。

第 3 章 现代思想的诞生

尽管如此，包括我在内的一些人认为，人身上最有用、最重要的东西依旧是他的宇宙观……我们认为关键问题不是宇宙理论是否会影响物质，而是从长远看来，它是否会被其他事物影响。

G. K. 切斯特顿
英国作家、文学评论家

20 世纪伊始，关于心智和脑的哲学领域依旧存在两大针锋相对的阵营：理性主义派和实证主义派。等到 20 世纪末，我们将看到，情况并没有多少好转。人类的大脑似乎只能产出类型有限的想法，无论科学数据如何呈现，或是学术风向如何转变，这两种观点中总有一种会被反复提起。不过，还是让我们先回到 20 世纪初。在那个年代，终于轮到自命不凡的美国人厚着脸皮加入讨论，其中，威廉·詹姆斯（William James）率先对意识问题开展了深入研究。1907 年，他在哈佛大学举行了一系列讲座，开场白便是上面那段引自切斯特顿的话，这番话漂亮地总结了关于心智和脑的一个宏大的哲学问题：心智状态或者说非物质的信仰和想法能否影响物质即大脑状态？

詹姆斯同意切斯特顿的观点，认为这是一个非常重要的问题。他的讲座主题围绕一个全新的哲学方法：实用主义。这是詹姆斯的朋友查尔斯·皮尔斯（Charles Peirce）的思想产物。在19世纪70年代，皮尔斯和詹姆斯在马萨诸塞州的剑桥市创立了一个昙花一现却又影响深远的学术沙龙——形而上学俱乐部，在那里，他们与其他哲学家和律师一起谈论问题，“实用主义”思想就这样诞生了。但是，实用主义没有受到多少关注，直到20年后，詹姆斯对之进行了发展和宣传。在第一场讲座上，詹姆斯就指出了一个虽然显而易见但一直被忽视的事实，即哲学家和他们的哲学立场会因为他们的性格而产生偏向性：

> 在很大程度上，哲学的历史就是一场人类不同性格间的冲突……一名专业的哲学家，无论个性如何，在进行哲学论述时都会试图隐藏自己的性格。传统意义上，性格并不是一个能被人承认的理由，因此他会竭力为自己的结论寻找客观的解释。但是，比起他列举的种种严谨的客观假设，性格造成的偏向性其实更强。性格会影响哲学家解读证据的方式，从而决定他的宇宙观更偏向感性还是冷酷。他信赖自己的性格，并希望拥有一个适合自身性格的宇宙。基于这一希望，他会倾向于相信所有适合自身性格的宇宙表征[1]。

詹姆斯接下来将美国哲学家分为性格不同的两派：“波士顿新人”和“落基山硬汉”。他认为不光是哲学家，文学艺术领域、政府行为以及人们的行为做派都可以按照性格分为两派。当然，两派人士彼此并不感冒：“他们打交道的情景就像波士顿游客遇上克里普尔克里克镇的居民。每边都坚信对方比自己低一等；一面对对方又是鄙视又是嘲笑，一面又心存一丝恐惧。”他进一步描绘了两派人士的大致形象：“波士顿新人”心地善良，信奉理性主义（抽象和外在规律的崇拜者）、唯智主义和理想主义（表现为他们相信所有事物都产自心智），他们乐观虔诚，相信自由意志，支持一元论（即基于完整和普遍原则的理性主义，致力于探索事物的统一性）、教条主义和笛卡儿思想，并且本质上是一群涉世未深的新人。

思想坚定的“落基山硬汉”则完全相反：他们是经验主义者（粗糙多样的事实的爱好者），喜欢哗众取宠，物质至上（相信所有事物都是物质的，不相信存在非物质心智），悲观主义，无宗教信仰，相信宿命论和多元论（基于部分原则的经验主义，将整体视为部分的集合），并且对一切持怀疑态度（也就是欢迎讨论）。比如休谟，真是好一位硬汉！

不过，詹姆斯意识到，我们当中的许多人并不能被单纯划入某一类中：

> 大多数人渴望两方的美好事物。事实当然是好的——能让我们获知很多事实。原则也是好的——能让我们拥有足够多的原则。从一个角度来看，世界毫无疑问是一个整体，但从另外一个角度来看，它也毋庸置疑是由多个部分组成的。世界既为同一又为多重，这促使我们采纳某种多元的一元论思想。当然，一切事物都是既定的，不过我们的意志依旧是自由的：这种自由意志决定论可谓真正的哲学。部分的邪恶是不可否认的，但整体不可能是邪恶的：

因此现实悲观主义又和形而上乐观主义混合在了一起。就这样，你们这些哲学的门外汉从来没有将某种观点贯彻到底，也从来没有理清过自己的思想体系，你们模糊地生活在一种或另外一种可能之中，目的只是为了迎合自己对连续时间的渴求[2]。

那些更具哲学素养的人则“为人类信仰中太多的自我矛盾和优柔寡断而感到苦恼。只要我们还将两派思想杂糅在一起讨论问题，就无法维持自己的知识分子良知”。

因此，詹姆斯将普通的门外汉形容为一群渴望事实、科学和信仰的人。但是，哲学领域能为这群人提供的是“宗教元素不足的经验主义哲学，以及现实意义不足的宗教哲学”。[3]这个世界的居民对科学感兴趣，尽管时常被科学知识劈头盖脸地轰炸；与此同时，他们也会在宗教和浪漫主义中寻求心灵慰藉。因此，比起高度抽象的绝对主义哲学，他们更需要一些更实际的帮助。詹姆斯认为，实用主义方法恰恰能为他们提供这样的帮助。实用主义的基础论点是认为我们的行为遵从我们内心的信念，也就是说，每当我们形成一个信念，我们就会相应地产生以某一独特方式行事的倾向。要想理解某种信念的作用，你只需明确这种信念会产生哪种行为。如果两种不同的信仰会导向同一种行为，那就不必继续争论了：

从根本上来说，实用主义是一种解决形而上学争论的方法，而这种争论很可能是无法用其他方法解决的。世界是同一的还是多重的？万物皆有定数还是一切遵循自由法

> 则？世界是物质的还是精神的？这些观点中或许有些符合世界的真相，有些则是错误的；围绕其展开的争论一直没有停歇。针对此类问题，实用主义的做法是对各个观点分析其各自的现实影响。如果一种观点是正确的，另外一种观点是错误的，现实世界会因此发生哪些变化？如果无法找到任何现实意义上的区别，那么这两种观点本质上就是一样的，争论也可以就此打住了。只有当我们能够切实证明假定其一观点为真与假定另一观点为真会产生实际后果上的差别，对二者的争论才是有意义的[4]。

尽管实用主义建立在“心智状态决定行为”这一观点的基础之上，它依旧只是一种方法，并不提出任何特定的结论。实用主义欢迎各种自然科学领域的研究方法。但是，它也排斥先验的形而上学，拒绝对思想进行无休止的唯智主义解读。这对休谟联系理论的支持者、致力于研究刺激与反应关系的心理学家们非常有吸引力。他们是实验心理学领域的主力军，这一新兴领域由威廉·冯特创立，随后，冯特的学生、备受爱戴的心理学家爱德华·铁钦纳（Edward Titchener）对之进行进一步发展，并将之带往纽约。另一位影响深远的人物是爱德华·桑戴克（Edward Thorndike）。在他于 1898 年发表的论文《动物智慧：动物联想过程的实验研究》（*Animal Intelligence: An Experimental Study of the Associative Processes in Animals*）中，他首次提出了联结的基本原理：效果法则。他发现，当一个反应后跟随奖赏，这一反应将成为生物的习惯性反应，奖赏消失后，反应也随之消失。这一刺激–反应机制或许正是适应性行为建立的机制。

刺激－反应心理学，也被称为行为主义，很快在美国成为联结过程研究的主流。行为主义认为心理学研究的对象应该是行为，而不是心智和主观体验；心理学应当采用自然科学的研究方法，而不是自省。他们认为，在给定外界刺激的条件下，包括人类在内的所有动物的行为均可被解释为遵循一定规律的反应倾向。

> 百家争鸣
>
> 华生
>
> **心智就像一块白板，通过刺激-反应联结和奖赏学习，任何孩童都能被训练出任何能力。**

行为主义心理学领域的领头人是传奇巨匠约翰·华生（John Watson）。华生认为，心理学只有建立在可观察的行为基础上才能成为一门客观的学科。他拒绝讨论一切无法被公开观察的心智过程，反对研究大脑黑匣子。华生无视达尔文关于心智与生俱来的理论，并坚信所有人的神经构造都是完全一致的；心智就像一块白板，通过刺激－反应联结和奖赏学习，任何孩童都能被训练出任何能力。信奉人生而平等的美国人对此非常欢迎。很快，绝大多数美国大学心理学系的主任们都接纳了这一观点，达尔文提出的由自然选择和进化决定的人类器官的复杂性学说则被弃置一旁。在接下来的50年间，行为主义学派统领了整个美国，主持大局的是整个领域的代言人、哈佛大学心理学教授B.F.斯金纳（B.F. Skinner）。

当然，在学术界被主流思想统治的年代，总有那么几个离经叛道之人打破宁静。研究“心智”过程的新方法逐渐挺进心理学领域，还成为现代科学的主要研究手段[5]。尽管如此，在美国，关于心智状态和意识的探讨一直被搁置，直到20世纪中期，哈佛大学的乔治·米勒（George A. Miller）发起了一场认知革命，与此同时，加州理工学院的罗杰·斯佩里（Roger W. Sperry）的心智理论问世。

加拿大人的反抗与现代神经科学的崛起

所幸的是，加拿大学者没有追随行为主义的大流。事实上，蒙特利尔的第一位神经外科医生怀尔德·彭菲尔德（Wilder Penfield）有了一系列重大发现。他的研究对象是严重的癫痫患者，他们的病情严重到只有去掉部分引发病症的大脑皮层才可控制。为了确定病灶位置，彭菲尔德用探针对局部大脑皮层施加电刺激，并观察病人的反应。在手术期间，病人处于清醒状态，只接受局部麻醉，因此可以口头回应自己是否有感觉。彭菲尔德发现，大脑感觉和运动皮层存在对应躯体各器官的图谱，换句话说就是对人体的物理表征。[①] 大脑皮层表征的身体器官与真实尺寸不成比例。相反，它与器官的神经分布数量成正比：神经越多，对应的脑区面积越大。彭菲尔德连同他的亲密助手、生理学家赫伯特·贾斯珀（Herbert Jasper），共同启动了对脑功能定位的研究。彭菲尔德写道："不管移除哪一部分脑区，意识依旧存在。但是，当高级脑干（间脑[②]）因为外伤、压力、疾病或局部癫痫放电而受损时，会不可避免地出现意识丧失。"不过，他很快认识到："如果假定存在一个脑区为意识所在地，即意味着对笛卡儿理论的重提，并为之提供可取代灵魂之座的松果体的选项。"[6]

> 百家争鸣
>
> 彭菲尔德
>
> **不管移除哪一部分脑区，意识依旧存在。但是，当高级脑干受损时，会不可避免地出现意识丧失。**

① 这种身体表征的有无正是后来发现的患肢现象（肢体缺失但表征还在）或身体身份完整性障碍（肢体存在但表征缺失，患者将自己的肢体视为外来物，并主动要求截肢）产生的原因。

② 间脑包含上丘脑、丘脑、下丘脑、腹侧丘脑以及第三脑室。

彭菲尔德进一步描述说，尽管间脑或者说皮层下结构负责加工感觉信息，信息其实会在皮层下结构和皮层不同区域间来回传递，“因此，心智活动可能由间脑和皮层的合作产生，而不仅限于间脑”[7]。他还提出，将注意放在产生意识活动的心智状态上是获得意识体验所必需的最后一步。他预测这一过程属于间脑的功能之一。我们可以发现，彭菲尔德文中使用的“意识”一词具有两个含义。其一指的是惊醒、觉醒的意识状态，即非昏睡状态。其二指的是笛卡儿所说的意识，即想法和关于想法的想法，在此基础上，他又添加了注意这一必要成分。

彭菲尔德为他的团队引入了一位名叫唐纳德·赫布（Donald Hebb）的心理学家，他负责研究脑损伤对病人的影响以及手术对脑功能的改变。赫布在离开时对脑活动决定行为的观点已深信不疑。如今在我们的眼里，这似乎是一个基础知识，对数百年前的盖仑来说亦是如此，但是，在 1949 年，身心二元论依旧是一个支持者众多的理论，同年，赫布所著的《行为的组织：一个神经心理学理论》（*The Organization of Behavior: A Neuropsychological Theory*）一书出版。在心理学界被行为主义掌控的年代，赫布对还处于黑箱状态的大脑大胆出手，并像风暴一般席卷了整个心理学领域，对经验主义者休谟和行为主义学者们设下的条条框框做了个鬼脸。他推测许多神经元能组成联合体，共同构成一个独立的加工单元。单元间的连接模式形成算法，算法又决定了大脑对刺激的反应；连接模式是可改变的，算法也会随之变化。这一观点诞生了那句名言：“一同激活的细胞连在一起。”根据这一理论，神经元的连接模式中或存在学习的生物基础。赫布还指出，大脑不仅在刺激出现时活动，而且一直保持运作；来自外界的输入只能对持续进行中的脑活动造成影响。赫布的假设对人工智能神经网络的设计者来说是非常合理的，并被实际运用于计算机程序。赫布对大脑黑箱的一番窥探，同时掀起了一场对抗行为主义的革命。

美国人的认知革命

20 世纪 50 年代，行为主义对美国心理学界的控制开始减弱，其中一个重要的原因是包括艾伦·纽厄尔（Allen Newell）、赫伯特·西蒙（Herbert Simon）、诺姆·乔姆斯基（Norm Chomsky）和乔治·米勒在内的一群年轻聪明的科学家创立的认知心理学。以米勒为例，面对强有力的新证据，他做出了一名科学家该有的反应：改变自己的想法。米勒在哈佛大学研究言语和听觉，并在那里完成了第一部著作《语言与交流》（*Language and Communication*）。米勒在前言部分直言不讳地披露了自己的立场："本人偏向行为主义。"如果威廉·詹姆斯能读到这段话，想必也会印象深刻。在关于心理学的章节中，米勒论述了人们在语言使用上的差别，他提出的词语选择概率模型便是基于关联学习这一行为主义原理。11 年后，他完成了教科书《心理学：心理生活的科学》（*Psychology: The Science of Mental Life*），这一标题宣告了他与自己过去坚持心理学只能研究行为的观点彻底决裂。促使米勒转变观念的是信息论的崛起。这当中有两个标志性事件：一是第一代信息处理语言的诞生，多个早期人工智能程序均使用这一语言；二是计算机天才约翰·冯·诺伊曼提出的神经元组织假说，认为大脑的运作方式可能类似一台大型并行计算机。并行计算指的是多个程序可同时运行，与之对立的是串行编程，即一次只能运行一个程序。

对米勒来说，压垮行为主义的最后一根稻草大概是他与伟大的语言学家诺姆·乔姆斯基的会面。乔姆斯基证明了言语序列的可预测性遵从语法规则而非概率规则，从而撼动了心理学的根基。他关于语法规则的发现更是令人

百家争鸣

乔姆斯基

所有人都懂语法，语法在人出生之时就已印刻于脑内。

震惊：语法是与生俱来且普遍存在的，也就是说，所有人都懂语法，语法在人出生之时就已印刻于脑内。因此，无论支持者如何挣扎抗议，都必须将“白板说”驱逐出局了，尽管直至今日，反对之声依旧没有完全消失。

1956年9月，乔姆斯基发表了论文《描述语言的三种模型》(Three Models for the Description of Language)，阐述了他关于句法理论的早期见解。乔姆斯基在语言学界就此一战成名，并一举改变了语言研究的风貌。米勒从这篇论文认识到，被行为主义学者尤其是激进的行为主义学家斯金纳视为珍宝的联想学说无法解释语言学习过程。行为主义学者的确阐明了行为的部分原理，但是这个黑箱中应当存在更多行为主义现在无法解释且将来也永远无法解释的机制。是时候开始研究这部分机制了。

百家争鸣

米勒

意识是一个被滥用的词汇。也许在未来的一段时间，我们应当禁止该词的使用，直到我们发展出更精确的术语来指代当前被“意识”一词模糊带过的概念。

米勒开始尝试将乔姆斯基的理论应用于心理学，他的终极目的是理解脑和心智如何整体运作。但是，在当时，米勒极力回避心智活动的一个重要部分。他在《心理学：心理生活的科学》一书中写道，关于意识的研究应当被暂时搁置：“意识是一个被滥用的词汇。根据语境的不同，它可以指一种生存状态，一种物质，一个加工过程，一个位置，一个附带现象，一种物质的突出性质，或是唯一的真理。也许在未来的一二十年间，我们应当禁止该词的使用，直到我们发展出更精确的术语来指代当前被‘意识’一词模糊带过的概念。”[8]

笛卡儿用“意识”一词来指代思想或关于思想的思想，在后来的岁月里，“意识”不断开花结果，被赋予了许多新的含义。在米勒所写的那些用法以外，它还与觉察、自我觉察、自我认知、信息获取和主观体验有着千丝万缕的联系。大多数研究者听从米勒的建议暂停了对意识的研究，但是，一个勇敢的团队没有就此止步。他们给出了当时科学界对意识问题能够做出的最好解释。

在梵蒂冈寻找答案

就在米勒将“意识”一词束之高阁时，教皇科学院将意识问题推上前台，并在 1964 年举办了一个以意识为主题的学习周。教皇科学院的前身是猞猁学院，由 18 岁的罗马王子、博物学家费德里科·塞西（Federico Cesi）于 1603 年创办，塞西的叔叔是一位人脉很广的红衣主教。他创立学院的初衷是通过观察、实验和逻辑推理来理解自然科学。作为其目标的象征，他选择视觉敏锐的猞猁为学院的标志。1610 年，伽利略被任命为院长。

对这样一项伟业来说，那并不是一个好时代。塞西于 45 岁时英年早逝，猞猁学院也就此关闭。直到 1847 年，教皇庇护九世重新启动了学院，并将之命名为“新猞猁教皇学院”。1870 年，随着意大利统一并脱离梵蒂冈，新猞猁学院一分为二：归属意大利的皇家国立林西科学院，以及坐落在梵蒂冈城、后来由教皇庇护十一世于 1936 年重建的教皇科学院。科学院尽管由教皇创立且定址梵蒂冈城，对研究活动却无任何限制。它由来自世界各地不同学科的科学家组成，宗旨为“推动数学、物理学、自然科学及相关认识论问题研究的发展”。1964年9月，教皇科学院就“脑与意识体验”主题举办学习周，领头人是著名医生兼生理学家约翰·卡鲁·埃克尔斯爵士（Sir John Carew Eccles）。

埃克尔斯是澳大利亚人。在医学院求学期间，他不仅是一名求知若渴的学生，也是一名撑竿跳运动员。他在动物学课上阅读了《物种起源》，在其启发下，他开始阅读古典和当代关于心脑问题的哲学著作[9]。但是，医学院的课程未能为他解答心智和身体如何互动的问题，因此，他立志成为一名神经科学家[10]。他同时还立志赢得牛津大学的罗德奖学金，并与著名的神经生理学家查尔斯·谢灵顿（Charles Sherrington）共事。他成功了。1925年，他动身前往远在半个地球之外的英格兰。

埃克尔斯开始研究突触位置的神经传导方式。起初，他认为突触传导依靠电信号。在这一时期，他认识了哲学家卡尔·波普尔（Karl Popper），后者鼓励他对自己的假设开展严格的论证。波普尔主张，一个假设是否坚实，取决于其在经过深入研究之后是否依旧无法被证伪，而不是由那些看似正面的证据决定的。在一番坚持不懈的验证之后，埃克尔斯转变了观点，认为突触传导依赖化学信号。他的老友亨利·戴尔爵士（Sir Henry Dale）如此评论埃克尔斯的观点转变：“真是一个了不起的转变！让人不由自主地想到扫罗，他在前往大马士革的路上，突然之间光明普照，眼中的鳞片随之脱落。”[11] 在其后的10年间，埃克尔斯阐明了脊髓运动神经元突触的兴奋与抑制机制，转而开始研究丘脑、海马和小脑。在教皇科学院组织的学习会议召开的前一年，埃克尔斯获得了诺贝尔生理学或医学奖。更早几年，他因同一项研究受封为爵士。他是那个时代的传奇人物，在认识他的人眼中，他是一位绝顶聪明、精力充沛的伟大的科学家。他因家庭原因信仰天主教，并且是一位公开的二元论者。实用主义学者威廉·詹姆斯或许能够预料，他所信仰的理论正是行为的法则，终其一生，他都在探寻心智控制身体的机制。

1951 年，在发表于《自然》杂志的论文《关于大脑—心智问题的一些假设》(Hypotheses Relating to the Brain-Mind Problem)中，埃克尔斯称“许多科学研究者发现，对心智和脑的科学研究来说，二元论和交互作用是最容易被接受的前提假设。此类研究引出了一个问题：什么样的科学理论能够用来解释迄今难解的大脑—心智联系？[12]”他进而提出了这样一个理论，他认为所有知觉体验都是特定模式的神经元激活的产物，产生记忆的原因是突触效率的增加，但是，出于某种原因，他还认为体验和记忆“无法被纳入物质—能量体系”。相反，他提出激活的皮层具有“一种区别于任何物体介质的感觉”，且“心智与脑之间的联系是通过对后者施加时空影响，并通过激活大脑皮层的这一独特功能发挥效果”。哇！这简直是被漂亮话包装过的巫术。他用激活的大脑皮层中的某种神秘感觉取代了笛卡儿的松果体。没错，在笛卡儿时代的 200 年后，埃克尔斯继承了他的二元论传统，即便他每周花费 60 个小时研究并记录神经元活动，他依旧走上了决定论的老路。这实在让人想不通。

在组织学习周期间，埃克尔斯的职责之一为选择参会人并将讨论结集成册，其成果便是具有里程碑意义的著作《脑与意识体验》(*Brain and Conscious Experience*)。埃克尔斯唯一可被指摘的地方是他出于偏心邀请了太多生理学家，不过好在这些生理学家全都身兼数职。他成功地召集了各个领域的顶尖科学家，从神经生理学、神经解剖学、心理学、药理学、病理学、生物心理学、神经外科学、化学、通信领域、控制学、生物物理学到动物行为学。出于其研究物理学、数学和自然科学的目标，皇家科学院只给出了唯一一条限制：不许哲学家参会。埃克尔斯对此颇为不满，但一位书评人依旧将部分与会人员形容为“毫无秩序可言的业余哲学家”。这位书评人进一步总结称：“作为一本探讨皮层研究进展的单册，《脑与意识体验》很大可能有失公允。”[13]

会议前，教皇科学院在面向参会者发布的简介中将意识形容为“有关知觉能力、知觉觉察的心理生理学概念，以及做出相应行为反应的能力”。我的导师、后来的诺贝尔奖获得者罗杰·斯佩里在返回加州理工学院时这样对我说：“教皇说了，‘脑属于你们，心智属于我们’。”报告被大致分为三类，主题分别为意识的三个组成部分：知觉、行为和意志。

参会的动物学家威廉·索普（William Thorpe）对此进行了扩展讨论：

> 意识一词尽管暗藏无数含义，但我认为，它包含了三个基本组成部分。其一，对感觉的内在觉察——或可称为“拥有内在知觉”。其二，对自我及自身存在的觉察。其三，意识概念包含统一概念；也就是说，它含糊其词地表明组成一个人的意识的所有印象、想法和感觉融合为一个整体[14]。

在讨论与意识体验相关的皮层活动时，埃克尔斯提出了一个问题：“大脑皮层神经元活动的特定时空模式如何引发特定的感觉体验？”[15]这个问题在当时未能得到解答，至今仍是如此。

当我在书中读到罗杰·斯佩里关于我们当时刚起步的裂脑研究时，不禁因其冲击性而笑出声来。在他所写的总结部分，斯佩里称：“我们目前观察到的一切证据均表明，手术使得这些人获得了两个彼此分离的心智，也就是说，两个独立的意识领域。”[16]其后引发的热烈讨论表明我们的发现是多么吸引人，也证明斯佩里的报告十分精彩。他向教廷和同行们宣告，只需手术刀一划，就能将心智一分为二。

当时，斯佩里也正在经历观念的转变，部分原因是裂脑研究，他也在调整自己对脑功能问题的基本立场。他告别了当时所谓的唯物主义和还原论，并称自己为“唯心主义者”。当年早些时候，他在准备一场关于大脑进化的非技术性演讲时，为自己得出的结论而感到震惊：“基于逻辑，涌现的心智功能定能向下控制脑活动中的电生理事件。”[17]在那个年代，心智状态影响大脑状态的观点在神经科学领域无异于歪理邪说，而且直至今日，在相当程度上依旧如此。后来我得出了类似的结论，并于2009年在爱丁堡举办的吉福德讲座上重提了这一观点，即心智过程可能存在向下的影响，同时我也再次发现，各个领域的决定论者都对此表示不太接受。行为主义和唯物主义共同的核心假设即为大脑中的客观物理过程本身就是一个因果关系完整的刺激-反应网络：它不接受、也不需要任何来自意识或心智力量的输入。你手中的这本书就是一次新鲜的尝试，试图用各种方法解决这一问题。

> 百家争鸣
>
> 斯佩里
>
> **涌现的心智功能定能向下控制脑活动中的电生理事件。**

在梵蒂冈学习周会议上，斯佩里温和地表达了自己日益坚定的唯心主义立场，仅在报告结尾处提到“意识可能具有实际的操作性意义，即它不仅是一个隐喻，一个副产品或副现象，抑或是客观过程的形而上学对应物”[18]。在另一个时间他将此解释为“一个认为意识可能存在部分操作性和因果性用处的观点”[19]。

出于唯物主义观点，埃克尔斯承认“我有充分理由可以说，身为神经生理学者，我们对神经系统运作原理的研究无法解答意识问题”[20]。他也承认“当然我不相信这种说法，但同时我也不知道如何合理地回应它”[21]。他依旧坚持自己的二元论立场。

在学习周的最后一天，会议的主持工作交给了神经心理学的创始人之一、麻省理工学院的心理学家汉斯－卢卡斯·托伊伯（Hans–Lukas Teuber）。他是出了名的擅长为学术会议带来“完美落幕”的人，常用一套复杂的抖眉毛动作将气氛推向高潮[22]。他列举了与会者一致同意的观点和依旧存在的争论，并指出了现有知识体系中的欠缺，对领域的当前状态进行了精炼的总结——这也只有他能做到。其他人都表示，他们已经对感觉和视觉的皮层加工机制有了相当程度的了解，如果对运动、记忆和觉察的了解也能达到同等水平（当时还未能达到），这对他们理解意识体验来说将是一个长足进步。托伊伯用一段话表达了自己的失望之情：“每当我们试图解释意识依赖的系统或机制时，肉眼可见的意见分歧就诞生了。我们甚至没有把握如何才能确定意识的存在意义。”[23]

托伊伯是一个性格鲜明的人，在早年也对我进行过指导。我还记得，他在20世纪60年代末曾来圣巴巴拉访问。我和妻子在米申坎宁的家中为他举办了接风宴，他对我眨眼示意想和我单独谈一谈。我们走进卧室后，托伊伯立刻从手提箱中取出了一份文稿，正是我近期向《神经心理学》（*Neuropsychologia*）杂志投的一篇论文。他手拿红笔，开始对文章进行批改。我惊得目瞪口呆，但也为他的关心而深怀感激。修改完毕，他一跃起身，并说道：“我们回去参加派对吧！”我当时一定是说了什么让他中意的话，因为他后来邀请我加入新近成立的国际神经心理学论坛，这是一个非常棒的组织，每年都会在全球不同的城市举办会议，我享受了几十年的盛会。

当然，梵蒂冈会议并没有解决心身难题。即便如此，大家在会上分享的观点在生物学和哲学领域也引发了一系列争吵和辩论，直到今日仍未停歇。摆在人们面前的还是那几套老说辞，在这当中，埃克尔斯对笛卡儿的二元论观点深信不疑，认为心智和身体是两个独立的实体，尽管他未能找到支持这一观点的实验证据。更多人则倾向唯物主义学说，认为心智或者说意识产自物质，但依旧无法理解其中的原理。

对斯佩里来说，梵蒂冈会议是一个转折点，心智状态可能影响大脑状态的假说及其推论成为其学术热情所在。与会人员当中的神经病学家、海德堡大学的汉斯·谢弗（Hans Schaefer）也认同这一理论，因为他相信心理分析是可行的。进化理论使得有关意识的唯物主义理论分为两派：涌现论和泛心论。前者认为意识是无意识物质达到一定复杂程度或组织程度后涌现的性质。斯佩里主要偏向这一流派。后者，也就是泛心论，则假设一切物质皆有主观意识——尽管可能类型不同，从而彻底舍弃了物质如何产生意识的问题。它的核心观点在于，不需要用涌现和复杂度的概念来解释意识。意识是一切事物的固有属性，从岩石到蚂蚁再到我们人类均是如此。

会议结束回国后，斯佩里进一步打磨了自己的假说。第二年，他回到母校芝加哥大学作报告，并在那里公开表明了唯心主义立场。“我将把自己摆在对立面，与约占 0.1% 的唯心主义少数派站在一起，支持这样一个大脑模型假设，大体承认意识与心智力量在控制链中的重要作用。”[24] 他如此分析道：“首先，我们主张意识或心智现象是动态的、涌现的，是运作中的活体大脑的模

百家争鸣

斯佩里

意识或心智现象是动态的、涌现的，是运作中的活体大脑的模式性质。脑中以及宇宙中其他地方的这些涌现的模式性质具有因果控制的能力。

式（或说结构）性质——这一观点被广为接受，包括部分思想最强硬的脑研究者。其次，我们将这一观点推至关键的一步，主张脑中以及宇宙中其他地方的这些涌现的模式性质具有因果控制的能力。这就是对意识这一千古难题的解答。”斯佩里将意识体验解读为大脑活动的一种非还原论的（无法被分解）、动态的（随神经活动变化）和涌现的（大于意识产生过程的总和）性质，并提出它无法脱离脑而存在。他否定了任何形式的二元论，并强调：“该术语（心智力量）适于描述主观体验现象，但不暗指任何独立于脑机制的无实体、超自然的力量。这里所说的心智力量与脑结构及其功能组织密不可分。”[25] 大脑中不存在神仙鬼怪。

到了 20 世纪 70 年代早期，斯佩里的观点获得了少数人支持，并为声势日益浩大的反行为主义情绪推波助澜。心理意向、想法和内在感受被重新摆到桌面，甚至能被用来解释现象的成因。一场延续至今的“认知革命”开始了。

现代哲学家的一次尝试

与此同时，哲学家们正就融合了唯物主义观点的脑理论争吵不休。1975 年，埃克尔斯退休，他离开实验室，开始与著名哲学家卡尔·波普尔共事。他们和笛卡儿持有同样的观点，认为如果心智活动能产生效果，或想法能影响大脑状态，那么大脑中必定存在非物理力量[26]。埃克尔斯试图创立可被验证的理论，但是没有成功，最终止步于一个没有任何实验证据和可验证理论的心脑互动模型。他的二元论理论没有获得多少支持，但是，另外一种二元论横空出世，还借助了蝙蝠翅膀的力量。

1974 年，纽约大学的著名哲学家托马斯·内格尔（Thomas Nagel）发表了一篇文章，标题引人入胜：《成为一只蝙蝠会是什么样？》。他在文中详细讨论了诸如“怎么才能解释看到红色的感觉”一类的问题。内格尔主张意识的核心特质是主观性（与弗朗兹·布伦塔诺的学说一致），并称“当且仅当一个有机体拥有作为该有机体是什么样的体验，或者对那个有机体来说可能体验到的感受，它才能算拥有有意识的心智状态”。

在这里，“是什么样”（like）不是指“相似”，譬如例句“滑冰是什么样的？和滑旱冰一样吗？”中的“是什么样”就是“相似”的意思。它的含义应为经验的主观定性感受，即对特定对象来说感受如何，例如：“对你来说溜冰是什么样的？”（比如是不是会让你感到兴奋？）内格尔称此为“经验的主观性”。它也被称作“现象意识”，或是内格尔本人没用过的表述：感受质（qualia）。

内格尔相信，一个对象只有拥有对某个体验的感受才算真正拥有这个体验，一个生物只有拥有成为这种生物的体验才能与其他物种区分开；并且一个对象的心智状态的主观性只能被这个对象本身所理解。

哲学家们如饥似渴地接纳了这一观点，就像一个饥肠辘辘的橄榄球运动员看到了一盘干酪起司烤面条。哲学家彼得·哈克曾经说，在此之前，哲学界一直在寻求从“还原论物理主义和无灵魂的功能主义”[27]中解脱的方法。

内格尔当前的观点是：科学是客观的，意识是主观的；二者不可能有相交，即便真的相交了，那一定是因为某种新的、尚未被发现的物理或基本法则[28]。这也成为部分哲学家的“逃生出口”。

另一方面，哲学家丹尼尔·丹尼特（Daniel Dennett）[①]因为质疑内格尔而臭名昭著。他提出，内格尔并不是真的想知道对他来说成为一只蝙蝠是什么样的。他其实是想客观地理解主观感受是什么样的：“如果给他戴上一个击球手头盔，头盔上装着电极，能够刺激他的大脑，使他产生成为蝙蝠的感觉，也就是体验到‘蝙蝠感’，即便如此，对他来说依旧是不够的。毕竟这只能让他体验到对内格尔来说成为蝙蝠的感觉。那么什么才能满足他呢？他也不确定什么能满足自己，也为此感到忧虑。他担心‘拥有体验’这一概念是不存在于客观世界的。”[29]

不存在于科学世界。这就是很多人眼中主观与客观世界之间那道不可逾越的鸿沟。这就是新的二元论。

> **百家争鸣**
>
> 丹尼特
>
> **意识是一堆把戏的产物：我们的主观体验是一种看上去十分逼真的幻觉，即便有人告诉我们意识是物质的产物，我们依旧会被其欺骗。**

丹尼特解决这一问题的方法就是彻底否定它。他感叹道，意识体验研究的一个问题是我们人类都觉得自己是意识研究专家，并且对此深信不疑，其原因只是因为我们能够体验到意识。他还抱怨称，这个问题对视觉研究者来说就不存

① 丹尼尔·丹尼特是著名的哲学家与认知科学家，想进一步了解他对心智的起源与结构的理解，可以阅读他的作品《丹尼尔·丹尼特讲心智》，该书中文简体字版已由湛庐引进、天津科学技术出版社 2021 年出版。——编者注

在。尽管大多数人都视力正常，但没人会认为自己是视觉专家。丹尼特认为，意识是一堆把戏的产物：我们的主观体验是一种看上去十分逼真的幻觉，即便有人告诉我们意识是物质的产物，我们依旧会被其欺骗，就好比即便我们已经知道一些视觉错觉产生的原理，我们依旧会上当。

哲学家欧文·弗拉纳根同样认为主观和客观世界不存在鸿沟，他如是写道："为什么你能主观地、区别于他人地体验到特定脑活动，这很容易解释：因为只有你和你的神经系统正常相连，从而产生属于你自己的体验。"[30]

这个解释看上去很合理。那么意义何在呢？如今大多数哲学家承认心智事件和体验都属于物理事件，但依旧有很多人拒绝接受心智事件或体验的核心能被解释为神经层面的活动的观点。弗拉纳根则轻松地采纳了这一观点，认为有意识的心智活动表现出来的非凡能力背后并没有神秘玄学。一切都是程序的一部分。

就这样，当我们步入现代社会，意识问题依旧未能得到解答。神经科学阐明了反射如何运作，神经元如何交流，特征如何遗传，但依旧不知道大脑如何产生我们非凡的意识体验。心脑科学领域还没有迎来属于它的爱因斯坦，尽管认知心理学家已经可以开始探索大脑黑箱的内容，年轻的科学家们却被建议暂时搁置意识研究。

克里克向现代科学发出的信号

乔治·米勒提议将意识研究暂停了一二十年，又过了 20 多年，勇敢无畏、聪明绝顶、富有创造力和好奇心的弗朗西斯·克里克（Francis Crick）闯进了这个领域，并将意识问题从高阁中取了出来。没错，就是那个大名鼎鼎的弗朗西斯·克里克。从很早开始，克里克就对两个未解难题抱有浓厚的兴趣：生命的起源，以及意识的谜团。在第一个难题上耕耘30年后，他摩拳擦掌地向第二个问题发起进攻。1976年，年过花甲的他没有像大多数人一样期待起退休生活，而是整理行装离开剑桥大学，前往位于圣迭戈的索尔克研究所，在神经科学领域开启了第二段科研生涯。

在克里克抵达索尔克后不久，我恰好去研究所访问，克里克带我参观了他那壮观的可以眺望海景的办公室。当时的他刚开始涉足神经科学，身边围满了才华横溢的学者。我不知道该如何加入对话，于是向他提了一个问题："我们如何理解由分子过程决定的时间尺度，它与神经活动所遵循的时间尺度又有怎样的关系？每一个层级都有自己的独特之处，它们是如何建立联系的？"他似乎很喜欢这个问题。几个月后，在这次短暂会面的鼓励下，我大胆地向克里克发出邀请，请他来参加我在茉莉雅岛组织的一个关于记忆的小型会议。他立刻接受了我的邀请。

克里克在听任何主题的现状描述时都会显得很不耐烦。他喜欢精巧的实验，但更愿意探讨一个特定的发现对大局来说有何意义。在那次会议上，他依旧是这样。他总爱把各路观点打碎重组。看来他就是那个关键人物，能够将意识研究推离传统的老生常谈。

克里克开始自学神经解剖学，并大量阅读神经生理学和心理物理学文献。在这几年后的1979年，他受邀为《科学美国人》(*Scientific American*)杂志撰写一篇文章，介绍脑研究的最新进展。他的任务是"从外行人感受到的冲击这一角度出发，对该主题进行一些粗略的评论”。

克里克在文中提到，他对行为主义者和功能主义者将大脑视作黑箱的做法并不满意。毕竟，黑箱内部的运作才是问题的关键。“黑箱研究法的困难之处在于，除非这个黑箱本质非常简单，否则很快便会出现这样一种情况，即多个相互竞争的理论都能很好地解释现象。”[31] 何况没有人认为大脑这个黑箱会是简单的。

克里克还指出，脑科学家们太过拘泥于各自的小领域。他们应当少做科学乡巴佬，多推行科学国际主义，积极参加跨学科的讨论。心理学家应当理解脑的结构与功能，同样，解剖学家也应当学习心理学和生理学。当然，对数十上百已经开始意识研究的认知科学家[32]，以及崭露头角的年轻认知神经科学家们[33]来说，克里克宽泛的评述可能会伤害他们的利益。但是，凭借其特殊无二的地位，克里克猛力唤醒了整个领域，使学者们意识到，研究意识的物质基础是一个至关重要的任务。

人人都需要懂一点神经心理学，一点物理学，外加一点化学；并且，克里克认为，新兴的通信理论领域有望成为一个理论武器，所以大家也该懂点这个。只有将脑活动和人类行为的所有方面和层级都纳入考虑之后，才有可能形成一个统领一切的大理论。如果你只熟悉其中一个方面，你就不可能找到任何总括性的解释。

克里克的其中一个建议实施起来尤其困难。他提议，我们应当改变人们对内省准确性的思维定式，因为“我们在很多层面上会受到自省的欺骗”[34]。

这种欺骗的一个例证就是我们两只眼睛中的盲点。克里克还批评当时的哲学家（不过我们可以推测丹内特不在其列）忽视了此类现象：

> 不是所有人都能发觉自己有盲点，尽管其存在很容易被证明。我们不会在视野中看到一个空洞，这是一个很了不起的现象。其原因部分在于我们无法探测到这个空洞的边缘，部分在于我们的大脑会借用临近空间的视觉信息来填补这个空洞。我们就大脑运作问题欺骗自己的能力几乎是无上限的，这在很大程度上是因为对大脑中发生的事情我们只能汇报很短的一瞬。这也是为什么 2000 多年来哲学领域近乎颗粒无收，并且在哲学家学会理解信息加工原理之前保持这种境况。
>
> 但是，并不是说我们应当像行为主义学者那样，摈弃通过自省来研究心智活动的方法。这样做相当于抛弃了我们努力研究的对象的一个最重要特质。不过，我们依旧需要坚持的是，绝对不能把通过自省获得的证据当作确定事实，而是应当用其他手段对之进行解释[35]。

克里克总结道：

> 高级神经系统似乎是一个由精确连接和联合网络构成的精妙组合……网络可被进一步分解为许多小的子网络，有的相互并联，有的更偏向串联。并且，子网络的分割方式反映了外界和内部世界的结构，以及其与我们的关系[36]。

克里克本质上是一个理论家，他尤其擅长吸收来自多个领域的思想和实验结果，将它们搅和在一起，然后构建出新的理论和实验。他清晰地阐述了深藏于意识研究中的问题。威廉·詹姆斯曾经这样说："成为智者的艺术即知道什么该忽略。"克里克正拥有这种宝贵的才能。他也的确是一位智者。

克里克很快和加州理工学院的克里斯托夫·科赫（Christof Koch）结成了团队，后者是一位聪明智慧、精力旺盛的计算神经科学家。为了探索意识，他们决定研究哺乳动物的视觉系统，尽管这是一个已经研究泛滥的课题。他们的目标是尽可能地探明视觉信息在抵达视皮层之前经历的早期加工步骤。他们的终极目标则是寻找意识的神经相关集合（neural correlates of consciousness，简称 NCC）：产生特定意识知觉所需最少的神经元活动和机制组合[37]。科赫解释说："任何心智活动和其神经相关集合间一定存在明确的相关。换一种说法，即为任何主观状态变化一定与某种神经状态的变化有关。注意，反之未必正确，两个不同的脑神经状态可能对应着同样的心智状态。"[38]听上去十分合理且直接，这对意识研究来说是非常难得的。

在开始实验之前，克里克和科赫对意识提出了两个假设。其一，在任意时刻，部分神经元加工活动与意识相关，而其他神经元活动与之不相关。他们就此提出问题：二者之间的区别是什么？其二，他们将之称为"不确定性"，即"意识的所有组成部分（嗅觉、痛觉、视觉、自我意识等等）共有一个或若干个机制"[39]。如果他们能理解其中一个部分，就走上了理解所有功能的正轨。他们决定搁置一部分讨论，以免在其上浪费太多时间去争吵。他们绕开了心智与肉体的关系问题，并主张，为了科学地研究意识，考虑到大家都对意识的含义有一个大概的认识，那就不需要对其下定义了，从而避免过早下定义的危险。

> **百家争鸣**
> 克里克
> **寻找意识的神经相关物或许能为意识理论带来巨大突破。**

因为他们对意识的定义持模糊态度，克里克和科赫决定对其功能也采取同样的态度，从而将“意识存在的意义是什么”这样的问题搁置一旁。他们还假设一些高等动物拥有意识的部分特质，但不一定拥有完整的意识。因此，动物可能拥有意识的一些关键能力却没有语言能力。低等动物也可能在一定程度上拥有意识，但他们此时不想深究这一问题。他们假设自我意识是意识的自指成分，并同样将其搁置。他们也决定暂时忽略意志、意向以及催眠和做梦的问题。最后，他们舍弃了感受质问题，也就是体验的主观特质，或者说看到“红色”是一种什么感受。他们相信，如果能搞明白人是如何看见红色的，那么这个问题的答案可能就是：我们看到的红色真的是一样的。

克里克和科赫均承认，意识的神经相关集合无法解决意识问题。对意识的实验研究来说，确定意识和非意识过程的神经相关集合的意义在于为神经生物学模型提供限制规则。他们希望，和 DNA 结构对遗传研究的推动一样，意识的神经相关集合能为意识理论带来巨大突破。DNA 分子的结构及三维模型的建立为我们提供了线索，暗示我们 DNA 分子会分解并自我复制，这与孟德尔的遗传理论完美契合。

首批明确的意识的神经相关集合发现将成为迈向意识理论的头几步，但它们本身并无法解释神经活动和意识之间的关系。后者是模型要解决的问题——很快，一批新鲜的成果就出炉了。

克里克的工作有如开闸泄洪，人们纷纷响应：我们又可以研究意识了！在那 20 年间，关于大脑机制的实验数据快速积累，为这一领域打下了坚实的基础。实验攻坚战役已经打响，在背后提供辅助的是越来越多的新的研究武器。

到如今，我们已经掌握了单神经元记录及控制技术（这是克里克盼望已久的技术，已由光遗传学实现）和各类脑成像技术，以及如何用计算机处理大量数据。那些听从克里克的警告，相信“绝对不能把通过自省获得的证据当作确定事实，而是应当用其他手段对之进行解释”的学者则找到了大量关于无意识活动的证据，丰富到令他们感到尴尬。

大量运用计算、信息、神经动力元素解释神经活动与意识关系的神经生物学模型出现了，如同顽童脑中的淘气点子一般一个接一个。这些模型因其描述的抽象水平不同而不同（我们将在第 5 章对此展开讨论），部分模型拥有共同的特征，但没有任何一个模型能够解释意识的所有层面，也还没有任何一个被普遍接受。

在接下来的章节里，我将介绍一个思考意识问题的新概念和新框架。对此我深感笔拙而紧张，在这群思想家和科学家先贤所著的鸿篇巨制上增添内容令人生畏。如今，我们面对着海量快速增长的新信息，如果走运的话，我们或许能从中窥探大脑神奇能力的原理。

笛卡儿和许多其他古代学者相信心智悬浮于大脑之外，后来的机械论者则认为意识是单独一套机制或网络的产物，庞大而单调。他们的观点都是错误的。我将论述意识不是一个物体。“意识”是一个词，我们用它来描述有机体中多个本能与记忆共同活动带来的主观感受。因此，“意识”是一个代称，指代了复杂生命体的运作方式。为了理解复杂有机体的运作方式，我们必须明白大脑依靠什么样的构造来产生我们所熟知的意识体验。这就是本书即将探讨的主题。

第二部分

脑的物理系统

The Consciousness Instinct

第 4 章 模块化的脑

“现在你看，要想停留在原地，你必须全力奔跑。如果你想去别的地方，你必须跑得比现在快一倍！”红皇后说道。

刘易斯 · 卡罗尔
《爱丽丝镜中奇遇记》

我们的大脑看上去就像弗兰克·盖里（Frank Gehry）在西班牙毕尔巴鄂修建的古根海姆博物馆一样，歪歪扭扭摇摇晃晃。但是，正如盖里所说，这座博物馆可不会漏水，它好着呢！盖里是一名天才建筑师，他大大拓展了我们对能正常行使职能的物理结构的想象力。我们的大脑同样有一个能行使职能的物理结构。在这个外表不稳定的疯狂结构的背后确有其一套道理，我们能理解其中一点皮毛，但绝大部分还属未知。历经数百年的研究之后，依旧没有人能够明白，我们脑中这对层层叠叠的生物组织到底如何产生我们日常生活的体验。我们脑中每时每刻都进行着无数电、化学和激素活动，但我们体验到的所有事情都是顺畅的、统一的。这是如何做到的？到底是脑中的什么构造产生了意识统一体？

万物皆有其结构。物理学家将这一真理贯彻到了量子水平（我们将在第 7 章讨论这个问题）。我们不断将事物拆解，以观察其运作的原理。

> The Consciousness Instinct
>
> 事物由部分组成，身体和脑亦如此。从这一角度来看，可以说我们就是由模块组成的，换句话说，模块相互作用产生了整个功能实体，即我们此刻的观察对象。

我们需要了解这些组成部分，并且不仅要知道它们是如何组合在一起的，更要知道它们是如何互动的。几乎可以肯定，我们大脑的各个组成部分协调合作，共同产生了我们的心智状态和行为。从表面来看，将大脑功能视作一个可产生单个意识体验的完整单元，似乎是一个符合逻辑的做法。哪怕是诺贝尔奖获得者查尔斯·谢灵顿也曾在 20 世纪早期将大脑形容为一个“魔法织布机”[1]，他认为是神经系统统合运作、共同创造了神秘的心智。不过，当时的神经科医生或许会建议他参观一下病房。他们的诊所里挤满了脑损伤病人，似乎在讲述一个完全不同的故事。

所有人都感觉自己是一个独立的、不可分割的实体（这为谢灵顿的“魔法织布机”理论提供了一个直觉证据），但与之相矛盾的是，很多证据表明大脑功能并不是铁板一块。

相反，我们不可分割的意识其实是成千上万个相对独立的加工单元或者说模块产生的。模块是脑中随处可见的特异性神经元网络，负责行使某个特定功能。

神经科学家、物理学家、哲学家唐纳德·麦凯（Donald MacKay）曾经这样说，当一个东西运作出现故障时，我们反倒更容易破解其运作原理。通过物理科学领域的研究，他明白了一个道理：对工程师来说，东西坏了反而更容易被理解，就好比电视机，相比工作正常的电视机，一台画面飘雪花的电视机更容易让他们搞清它的原理[2]。与之类似，研究出现故障的大脑能帮助我们更好地理解正常大脑的运作机制。

证明大脑模块化构造的一个最具说服力的证据来自脑损伤病人。当特定脑区出现损伤后，病人的部分认知能力会受损，因为负责该能力的神经元网络无法正常工作，与此同时，其他功能依旧无碍，继续天衣无缝地各司其职。脑损伤病人身上最吸引人的一点，就是无论其有什么样的异常，意识总是完好的。如果意识体验需要依赖整个大脑的正常运作，这就不可能发生。模块无处不在，这是我的理论的核心，因此，我们必须首先理解大脑的模块化程度到底如何。

模块缺失却照旧工作的大脑

以任何大脑中任何一个脑叶为例，考虑一下卒中对患者的影响。例如，右侧顶叶损伤的病人通常会出现一种名为“半侧空间忽视”（spatial hemi-neglect）的症状。由于损伤脑区的大小和位置的不同，半侧空间忽视症病人可能会表现得左半侧世界或部分或全部不存在，甚至可能还包括他们自己的左半边身体。具体来说，他们可能会只吃盘子右边的食物，只给右脸剃胡子或化妆，画钟表图案时不画左边，看书时不去读左侧的书页，以及不承认房间左侧中任何东西或人的存在。有的病人会认为他们的左胳膊和左腿不属于自己，以至于在起床时根本不用这一侧的肢体，哪怕他们并没有瘫痪。有的病人甚至还会忽视他们想象和记忆中的左侧空间[3]。症状的表现形式与脑损伤的大小和位置有关，这说明损伤破坏的神经回路涉及不同的加工过程。确定这些损伤的功能性神经解剖学结构的研究为大脑模块化的观点提供了强有力的证据[4]。

有趣的是：半侧空间忽视症可能来自实际的感觉或运动系统功能缺损，但在一些情况下，即便所有感觉与运动系统均运作正常，半侧空间忽视依旧会发生，这种病症被称为“对消”（extinction）。在这种情况下，大脑单侧半球工作正常，但当需要两侧半球同时工作时，问题就出现了。尽管如此，大脑依旧能在无意识水平上使用忽视半侧的信息[5]！这意味着信息本身还在，病人却意识不到它的存在。具体来说是这样，如果给左侧半球忽视病人的左右视野同时呈现视觉刺激，他们会报告称只能看到右侧视野的刺激。但是，如果只有左侧视野的刺激呈现，病人就能够正常感知到这个刺激，即使该刺激的视网膜投影位置与之前的刺激一致。换句话说，如果没有健侧刺激的竞争，被忽视侧就能被病人察觉，并且出现在意识层面！最奇怪的是，此类病人通常会否认任何异常：他们意识不到自己的回路缺失及其引起的症状。

因此，从表面看来，他们的自传体式自我来源于他们能意识到的感知世界，而信息能否进入他们的意识，取决于两个因素。首先，如果回路不工作，就无法进入他们的意识。关于这些回路功能的意识消失了，就好像它们从未存在过。其次，存在某种竞争过程。有些回路的功能能进入意识层面，有些则不能。简而言之，意识体验似乎与相当局部的加工有关，局部加工活动可产生某种特定的能力，同时又可能被其他模块的加工打压，从而无法进入意识。这就引出了一些足以令人震惊的推论。

一些病人无法意识到自己的身体部件，还有一类病人，他们患有一种名为“第三者”现象[①]的临床障碍，竟然能感知到本不该有的另一个人的存在！这是我最喜欢的一种病症，也被称作“在场感”（feeling of a presence，简称 FoP），指病人认为在某个空间位置，通常是侧后方，还有别人存在的感觉。这种感觉非常强烈，以至于病人会不停地回头察看，或是为这个不存在的人提供食物。当你走在漆黑的小巷里，或许会因为妄想背后有人跟踪而把自己吓得毛骨悚然。但此类病人不一样，他们的在场感通常会突然出现。事实上，在高山攀登者或其他因极端情况导致肉体极度疲惫的人当中，在场感是一种常见的现象。

在著作《裸山》（*The Naked Mountain*）中[6]，公认有史以来最伟大的登山家莱因霍尔德·梅斯纳（Reinhold Messner）（他是首位单人登顶珠穆朗玛峰者，而且他从来不带氧气瓶）记录了自己在 1970 年第一次挑战喜马拉雅山脉的经

---

① 最早描述在场感的是欧内斯特·沙克尔顿（Ernest Shackleton）。他和两名同伴乘坐一艘破破烂烂的救生艇，凭借极少量的食物和水，在世界上最凶险的海域成功航行了 680 英里（1 英里 = 1.609344 千米），身体处于极端疲惫虚弱的状态。他们此次伟大航行的目的，是帮助在南极洲海岸附近一个小岛上搁浅的船员寻求救助，此时已到最后关头，他们需要尽快穿越南乔治亚岛上的两道尚无地图标记的积雪山脉，而手里只有一把冰镐和一段约 14 米长的绳索。在这段艰难的旅途中，沙克尔顿说自己有一种感觉，觉得身边还有第 4 位同行人。后来，托马斯·艾略特（T. S. Eliot）在诗作《荒原》（*The Waste Land*）中提到了在场感现象，并称之为“第三者”，这个说法一直流传至今（引自 J.Geiger, *The Third Man Factor: Surviving the Impossible* [New York: Weistein Books, 2009]）。

历，当时他和兄弟冈瑟（Günther）正在挑战南迦帕尔巴特峰："突然，我身边出现了第三位登山者。他和我们一同下山，一直在我右手边和我们保持几步的距离，刚好在我看不见的地方。我看不见他，同时也要集中注意力，但我可以肯定边上有人。我能感受到他的存在。我有十足的把握。"不过，即使你不是一个精疲力竭的登山者，也可能产生类似的感觉。近一半的丧偶者曾感受过已逝配偶的存在[7]。对一些人来说，这种现象就成了各种关于幽灵鬼怪或是神明降临的故事开端。

瑞士神经学家、神经生理学家奥拉夫·布兰克（Olaf Blanke）却认为没有什么鬼魂，在一次机缘巧合下，他见证了这一现象。为了定位癫痫病灶，他对一名病人的颞顶皮层施加电刺激，从而触发了病人的在场感体验[8]。他还针对一批表示自己有在场感体验的病人开展了研究。他发现额顶区域损伤与该现象特异性相关，且损伤往往位于在场感出现方位的对侧[9]。这一定位提示他，感觉运动加工和多感觉整合异常或许参与了在场感现象的产生过程。我们能意识到自身在空间中的位置，却意识不到自身定位所需的大量加工过程，诸如视觉、声音、触觉、本体感觉、精细运动动作等等，在正常情况下，这些加工过程会整合在一起，帮助我们准确地定位自身。如果这一过程中存在异常，便会出现加工错误，导致我们的大脑错误地解读自己的位置。布兰克和同事们发现，在场感就是此类加工错误的表现形式之一。最近，他们巧妙地使用机械臂扰乱感觉加工的方法，在健康被试中诱发了在场感现象[10]。

我们在做动作时，会预期在特定时间和空间出现动作的结果。比如你在挠背时，会预期背上同时产生感觉。当这种感觉在时间和空间上均与预期符合时，你的大脑便会将之处理为自身行为产生的感觉。如果与预期不符，或者说如果感觉信号在空间和时间上与自我触碰的行为不匹配，你会认为它来自外界。想象你的眼睛被蒙住，胳膊向前伸，你的指尖顶在一个主控机器人身上的顶针状凹槽里，后者将信号传输给你背后的机械臂。你的手指运动可以控制机械臂的运动，你在动手指的同时，机械臂也在抚摸你的背。在一些试次中，你的手指能够感受到与其推力相符的阻力，而在另外一些试次中，阻力更为松散，与你的动作施力不符。如果你背上的感觉与你的动作同步，即便你的胳膊伸向前方，你的大脑依旧会产生一种错觉，感觉身体向前飘，而你在用手指触摸自己的后背。但是，如果触觉与动作不同步且稍晚于你的手指动作，你的大脑就会编造出一套完全不同的故事。在此基础上，如果你在控制机械臂时指尖感受不到阻力，这种不同步的触觉会让你感觉有另外一个人在摸你的背！布兰克使用精密可控的身体刺激，证明感觉运动冲突（即与自身触摸时空不符的信号）足以在健康被试中产生在场感现象。此类冲突可以通过控制不同位置的神经网络或者说模块来达成。

如果大脑的运作方式如同一台一体式的“魔法织布机”，那么移除部分大脑组织或在部分回路中刺激诱发错误的加工，要么会让整套系统停机，要么会导致所有认知功能失常。事实上，许多人在大脑缺失或损伤后依旧能过上相对正常的生活。特定脑区损伤后，患者通常会出现某些而非所有认知方面的障碍。例如，人类的语言功能非常发达。多数人的语言中枢位于大脑左半球。语言中枢中存在两个截然不同的区域，分别名为布罗卡区（Broca’s area）和韦尼克区（Wernicke’s area）。

布罗卡区负责言语产生，韦尼克区负责书面及口头语言的解读或理解，并帮助我们将单词和句子组织成有意义的话语。具体来说，布罗卡区参与了词汇发音，能够协调唇部、嘴部和舌头的肌肉，从而让人们准确地念出单词；而在我们开口说话前，韦尼克区已经将词汇以可懂的顺序组织完备。布罗卡区受损的人会出现说话困难的情况：对他们来说发言是一件很吃力的事情，说出来的话也断断续续，但是他们努力说出来的词语依旧遵循可懂的顺序（例如他们可能会说“大脑……模……块”），尽管可能存在语法错误。布罗卡区受损的患者清楚自己的错误，并很快会因此感到沮丧。相反，韦尼克区受损病人首先会出现理解障碍。他们能流畅地说话，语法也很正确，但话语本身毫无意义。这种现象告诉我们，这两个脑区的功能不同；如果其中一个脑区受损，它就无法正常工作。这向我们清晰地展示了大脑的高度模块化组成。

大脑为何会进化出模块？我曾经听可口可乐公司的总裁这样描述公司组织结构中的逻辑。随着公司规模不断扩大，主管们意识到，在一个工厂里生产所有的产品然后满世界运送是不现实的，效率低且成本高。运输、包装成本以及在“公司总部”召开管理层会议而产生的差旅费等，都是毫无意义的花费。显然，他们应当将全球划分为若干个分区，在这些分区内设立工厂，并在当地销售产品。集中计划已经过时，地方分权才是潮流。同样的道理对大脑而言也成立：模块化结构消耗更少，效率更高。

向更大的脑进化吗

过去有一种观点认为，脑体积超出身体一定比例的动物智能更强。人类拥有占比过高的脑，因此我们智能优秀。但是，这一理论存在一个问题。尼安德特人比我们的脑子更大，却在与智人的竞争中败下阵来。我自己的研究指出了另一个棘手的问题：裂脑手术后，独立的大脑左半球竟与完整的大脑智力水平一致。更大不等于更好。这是怎么回事呢？

苏珊娜·埃尔库拉诺－乌泽尔（Suzanna Herculano-Houzel）和同事们使用一种新技术计算了人脑中神经元和非神经元细胞的个数，并与其他物种进行了比较。他们发现，人脑根本不像传说中的那么大！单就尺寸来说，人脑并非大到离谱，而是符合灵长类动物的比例。尽管和黑猩猩相比，人脑更大，神经元数量也更多，神经元数量与脑尺寸的比例却没有区别[11]。另一个激动人心的发现是，人们常说的胶质细胞与神经元呈 10∶1 的比例也是大错特错的，从未有过明确的出处。和其他灵长类动物脑一样，人脑胶质细胞比例不超过 50%。埃尔库拉诺－乌泽尔还澄清了另一个谣言，即所谓的人脑只开发了 10%，她指出这个说法很有可能来源于 10∶1 的这一错误的比例[12]。

但是，和其他哺乳动物相比，人脑具有两个优势。首先，和其他灵长类动物一样，人脑结构非常节省空间，其次在所有节省空间的灵长类动物脑中，人脑是最大的，因此神经元数量也最多。在比较灵长动物脑和其他物种脑的神经元数量时，我们不能随意地把脑体积当作考量指标。例如，比较同为啮齿类动物的小鼠和大鼠，后者不仅脑子更大，神经元也更多。对大鼠来说，神经元数量更多，神经元尺寸也更大。因此，一只大鼠神经元占据的空间超过了一只小鼠神经元的，就好比粗面条和细面条之间的差别。但是，对同为灵长类动物的猴子和人类来说，后者比前者神经元数量更多，神经元大小却不变。因此，增大相同的体积，灵长类动物脑增加的神经元数量大于啮齿类动物脑。如果我们放大一只大鼠的脑子，使之体积与人脑相等，大鼠脑的神经元数量只有人脑的 1/7，因为每个神经元需要占据更多空间。脑体积增大是一个复杂的问题，不同目（如灵长目和啮齿目等）似乎遵循不同的规律。

回到模块问题。如果人脑神经元数量增多的同时，每一个神经元都与其他所有神经元相连，那么轴突（神经元的“电线”部分）数量会呈指数级增长。这样一来，我们的脑子将会奇大无比，直径可达 20 千米[13]，并将消耗海量能量，哪怕我们像填鸭一样强迫自己进食，也无法支撑如此庞然大物的运转[14]。在真实世界中，我们的脑只占身体总重的 2%，却吞噬了近 20% 的能量。脑之所以如此耗能，是因为它是一个强大的电力系统，并且时刻运转，就像一台 7 月的空调。巨大脑子还存在另一个问题，即轴突过长导致的加工速度骤降。

神经科学家乔格·施特里特（Georg Striedter）研究了不同物种大脑进化的差异及其产生原因。他提出，伴随脑体积增长的脑连接变化遵循几项法则[15]。第一条法则是，单个神经元的平均连接数不随脑体积增长而改变。相反，神经连接的绝对数量保持不变，因此，脑体积增长会使脑能量消耗及所占空间更为可控。但是，这也意味着，脑体积增长伴随着整体联结性降低。联结性降低意味着更为独立的加工。

第二条法则为连接长度的最小化。这使得大多数神经元只与临近神经元相连。短的连接耗能更少，空间占比更低，信号传输更快，使得这些局部的神经元之间能够建立高效的通信。因此，脑体积增加伴随着神经连接的重组，结构组织也因此发生改变。最终形成的脑由许多连接丰富的局部神经元组构成，它又被称为“神经元群落”。

这种类型的结构使得彼此分离的神经元组各自形成其专有功能：模块就这样诞生了！一个模块中的大多数神经元参与了模块内的连接，另有少数神经元与临近的模块构成短连接，从而形成神经回路。当一个模块在接收信息后，对之进行修饰并传至另一个模块以供进一步修饰，一个神经回路就形成了。因此，尽管多数模块与其他模块连接的情况稀少，但这种模块间的连接能够使临近的模块形成聚类，以完成更复杂的加工。我们将在下一章讨论层级化结构时对此有更多的了解。

一些模块存在层级化结构，也就是模块本身由亚模块组成，亚模块又由亚－亚模块构成[16]。大脑中存在大量独立运行的模块，因此需要在模块间形成更高效的交流与协调机制。这就引出了第三个连接法则：不是所有的连接都是最小化的；一些长距离连接得以保留，成为远距离脑区间的快捷通道。

以上这些连接法则构建出来的整体结构被称为“小世界”结构。此类结构高度模块化，但任意两个模块间的沟通都只需要寥寥数步。很多复杂系统都是小世界结构，例如美国权力体系和社交网络。大量研究表明，大脑由存在功能连接的聚类或模块组成[17]。

模块化大脑的优势

我们从这种结构设计中能看出，与整体功能脑相比，模块化脑具有许多优势。首先，模块化脑的能量消耗更少。因为每个模块都被进一步划分为小单元，在完成特定任务时，模块中只有部分区域需要保持活跃。如果一举一动都需要全体出动，你的大脑要交的电费怕是要突破天际。这就好比你住在一个炎热的城市，到了夏天，如果你在晚上只开卧室空调，就比给整个房子制冷要省钱。抛开利用模块化节省能源这一条，大脑依旧消耗了我们每天摄入能量的 1/5，它真的在高效使用这些能源吗？

其次，事实上，作为一个耗能大户，我们的大脑意外地还算高效。神经元通过大脑的“电线”即轴突和树突传播电信号。尽管这些神经连线和现代电器使用的电路运作方式不同，但基本原理还是一样的，二者都靠电流将信息从一处传至另一处，而这一过程需要耗能。电流传播得越远，消耗的能量就越多；轴突越粗，电流遭遇的阻抗越大，消耗的能量也越多。局部模块化运作使得大脑只需进行短距离传输，需要的连线更细，模块间传导时间更短，因此可以节省大量能源。此外，根据神经系统的活跃度计算，要保证连线长度和传导延迟最小化，连线比例（也就是由轴突组成的灰质比例）应为60%。许多大脑结构的连线系统都十分接近这一黄金比例[18]。相反，如果大脑是一个一体的单元，那么各脑区的短距离连线和长距离连线数量应大体一致，而长距离就意味着更多的“电线”和更多的“能耗”。模块化的大脑将连线比例维持在一个较低的水平（3/5，也就是60%），从而限制长距离电信号传输的数量。

The Consciousness Instinct

总而言之，大脑似乎能够通过模块化实现能量使用效率的最大化。

再次，模块化大脑的功能效率也很高，因为数个模块可以同时对特定信息进行处理。有了能各自独立运行的多模块系统，我们就能轻松地一边走路一边说话，同时还一边嚼口香糖，换作时刻追求协调所有功能的单一系统，事情就没那么简单了。此外，如果大脑是一个统一单元，它就必须成为一个多面手，才能合格地完成我们的日常活动。但是，如果将特定任务交给特化的“大师”模块，效率就会高很多。在复杂系统中，功能特化的现象无处不在。例如，当最好的农民都在种地、最好的教育者都在教书、最好的经理都在管理层时，经济自然会蓬勃发展。糟糕的经理能搞垮一个公司，糟糕的农民会破产，而糟糕的老师——好吧，我们或许都遭遇过至少一个糟糕的老师，也都清楚这会产生什么后果。当人们术业有专攻，而不是时时刻刻为所有经济事务操心，他们就成了专家。专家是更高效的生产者。比起事事都由所有人参与，多个专家同时工作带来的经济产出更高。这样看来，我们的大脑能够进化出模块化结构，并能同时高效处理多种信息，就显得很合理了。

模块化最重要的一项优势也许是在不断变化的环境中，模块化大脑能够更快地适应或进化，因为它能够在其他模块不变的情况下改变或复制某一个模块，从而无须改变那些已经充分适应环境的模块。这样一来，系统中某一区域的进化就不会影响其他功能正常的区域。

即使不讨论进化，大脑的模块化也能帮助我们更好地习得新技能。研究者发现，人在学习一项运动技能的过程中，大脑特定神经网络的结构也会发生变化[19]。对许多技能来说，熟能生巧都是成立的，我们也能够通过经验掌握新的技能。倘若每习得一项新技能，整个大脑的运作方式都会发生变化，我们就会因此而对旧技能生疏。大脑模块化能够在资源稀缺的环境下节约能源，在时间有限的情况下平行开展认知加工活动，在新的生存压力来临之时更轻松地改变功能，并帮助我们学习多种多样的新技能。如果我们停下来仔细琢磨一下其中的道理，就会发现大脑根本不可能会是模块化以外的模样。

模块化的诞生

人类大脑并不是唯一的模块化脑，甚至也不是唯一一种模块化的生物系统。蠕虫、苍蝇和猫的大脑都是模块化的，血管系统、蛋白质交互作用网络、基因调控网络、新陈代谢网络乃至人类的社交网络也是模块化的[20]。这种模块化结构是如何演化而来的？什么样的选择压力会造就模块化系统？这个问题令一众电脑科学家困惑不已。深思熟虑之后，他们决定验证施特里特提出的假说，认为模块化是追求连接功耗最小化过程的副产品[21]。

网络的构造成本包括连接的构筑和维护消耗，以及信号传导及延迟消耗。网络中连接越长、连接数越多，构筑和维护的成本也就越高[22]。此外，连接数增加及信号传导通路延长都会导致关键反应时间变慢——这在一个总有捕食者对你虎视眈眈的竞争环境中可不算是好事情。

计算机科学家杰夫·克卢恩（Jeff Clune）、让－巴普蒂斯特·莫瑞特（Jean-Baptiste Mouret）和霍德·利普森（Hod Lipson）使出了计算机科学家固有的技能：他们设计了一套计算机模拟系统[23]。他们使用了一些已被广泛研究的系统，这些系统能够接受感觉输入并产生相应的输出。输出的内容决定了系统在面对环境问题时的表现。他们模拟了 25000 代进化，选择压力被设置为单纯的表现最优化，或是在表现最优化的同时还要求连接消耗最小化。结果很是惊人。连接消耗最小化的规则被加入后，无论是在可变的还是不变的环境中，模块化结构都会很快出现，但如果没有消耗最小化规定，模块化就不会出现。三位科学家检查了进化形成中表现最好的网络，发现这些网络都是模块化结构，且消耗越低的网络模块化程度就越高。这些网络在稳定或变化的环境中的进化速度更快，花费代数明显更少。这些模拟实验提供了有力的证据，证明同时要求表现最优化和连接消耗最小化的选择压力能够产生模块化更高、更具进化潜力的网络。

现在我们已经知道模块化系统拥有种种优势，但是这种优势是如何产生的？数千个独立的、局部的模块如何能够一同运作，协调我们的思维和行为，并最终诞生我们的意识体验？

模块化连接

模块在运行时高度依赖内部连接，但是，我们已经发现，模块之间也存在较为松散的连接。模块间的部分通信活动对协调复杂行为至关重要。例如，布罗卡区和韦尼克区各有不同的语言功能，但它们也需要与对方交流。韦尼克区需要将音素和单词组成连贯的句子，好让布罗卡区能够指挥你的唇部、嘴部和舌头来发出正确的声音序列。这些语言区间的连接非常密集，一组名为"弓状束"的神经纤维跨越其间，就像一条高速公路。你的大脑通过缩短不同认知功能模块间的通信距离，让这些消耗高、体量大的通信网络实现了最小化。在你闻玫瑰花时，布罗卡区和韦尼克区无须工作，除非你打算吟诗一首来称赞玫瑰花的美丽，或是决定怒斥园艺杂交专家注重花型而忽略了味道。大脑模块彼此通信，但是，从事相关认知活动的模块间连接出现不成比例的增多，而参与不同过程的模块之间的联系则少得多。

动物脑与人类脑的差别

大量使用不同的研究方法和数据分析技巧的研究均显示，大脑网络的结构与功能模块化存在于所有物种，并拥有许多相同的属性[24]。首先我们需要花一些时间来理解结构网络与功能网络之间的差别。"结构"很简单，指的是网络的物理解剖，诸如神经元数量、排列方式、形状等等。功能网络行使特定功能，可能参与口头语言，或者参与语言的理解等等。重要的是，网络的结构并不能体现其功能，反之亦然。结构可能提供一些关于功能的线索，但也止步于此。例如，你可以观察一棵树的结构，但无法从中获知树叶的功能。无论以无脊椎动物为对象的动物实验，还是以哺乳动物为对象的动物实验，均显示动物大脑的神经模块同样拥有密集的内部连接，且模块间距离很近，可以减少能量消耗。有趣的是，通体透明的秀丽隐杆线虫（caenorhabditis elegans, 一种拥有数百个被反复研究的神经元的生物）尽管是最小的拥有神经系统的生物之一，其神经系统同样是模块化的[25]。

The Consciousness Instinct

模块化意味着高效，并且对生物体的高效运转以及在竞争激烈的环境中的进化来说必不可少，这在不同物种中均成立。

既然动物和人类都拥有模块化大脑，我们自然可以得出一个推论，即二者的脑有着类似的知觉功能，包括意识。不幸的是，当前科技不足以支持我们去理解不同生物对这个世界的体验，尽管托马斯·内格尔一定非常喜欢这个想法。我们甚至经常难以理解自己对世界的感知。要想通过实验来理解包括动物和人在内的其他生物的体验，最好的方式是使用行为和脑活动测量手段。

我们总是爱将意识体验与人类的复杂认知能力联系在一起，这种做法也的确在情理之中。我们得出结论，动物要想拥有意识，就必须拥有同样类型的认知能力。我们随心所欲地给各种物体强加上意识体验，这个物体可以是玩偶，也可以是机器人，对我来说，则是一台 1949 年产的普利茅斯轿车。

研究者在其他动物中寻找早期意识的痕迹时，常常会观察这些动物是否会使用工具。人们通常认为，工具使用行为能够体现复杂的认知活动。事实证明，这种证据遍布整个动物界。例如，鸦科鸟类（包括乌鸦、渡鸦、松鸦、喜鹊、秃鼻乌鸦、星鸦等）能够使用工具来够取位置棘手的食物，工具的制作和操纵方式和黑猩猩类似[26]。日本仙台市的乌鸦会借助汽车来碾碎坚果：它们把坚果丢在人行横道上，然后坐等过往车辆将其碾碎，不仅如此，它们还会等到信号灯变红之后再去将果仁取回。新喀里多尼亚乌鸦也是一群聪明的小家伙，它们会制作两种不同的工具，用来做不同的事情。它们会带着工具出门觅食，就像渔夫带着渔网出海一样。它们还解决了“元工具”问题，能用一种工具来获取另外一种工具，最终获取食物[27]。不同地域的乌鸦使用不同类型的工具，表现出了文化的差异和传播[28]。但是，即便是从未接受过社会学习的人工养殖的乌鸦，也能掌握基本的木棍工具使用技能[29]。这些现象说明乌鸦很有可能可以意识到自己是活着的、警觉的，并且能体验当下，但这是否说明它们也能意识到自己的这些技能？它们显然拥有一些其他鸟类没有的特化模块，但这会使它们拥有自我意识吗？许多研究鸦类行为、技能和学习的研究并没有贸然尝试解决这些问题。那么猩猩呢？

很久以前，人们就发现野生黑猩猩能够使用工具，主要包括用木棍挖蚂蚁和蜂蜜，以及用树叶舀水。不同区域的黑猩猩使用不同的工具达成不同的目的，同样暗示了文化差异和工具使用的社会传播。但是，一旦一只黑猩猩学会使用某种工具，这种技能就成了习惯。工具被发现后，种群中的部分成员会开始使用这种工具，但它们并不会对其进行改进[30]。另一方面，和人类一起生活的黑猩猩会解谜，以及寻找复杂问题的解决方案。例如，当黑猩猩发现天花板上够不着的地方挂着一串香蕉时，它们会把木头箱子叠起来搭成梯子，从而拿到香蕉[31]。黑猩猩的技能丰富，令人印象深刻，但这是否能说明它们和人类一样拥有意识？这个问题的表述可能不大恰当。或许我们应该问："我们的意识体验内容和黑猩猩类似吗？"

在阐释这些动物实验结果时，许多研究将黑猩猩的思维活动类比为人类婴儿的思维活动。在一项简单的隐藏物体指示任务中，当实验者把黑猩猩想要的一样东西放在它看不见的地方，然后用手指向藏东西的地方时，黑猩猩会表现得很困惑，14 个月大的人类婴儿则能顺利理解实验者的手势[32]。与此同时，黑猩猩和人类儿童观察到一个行为后，都会尝试模仿，即便他们此前从未做过类似动作。当向人类儿童示范获得奖励应做的动作后，儿童会模仿全套，哪怕其中包含一些多余动作，而黑猩猩只会模仿必要的动作。一种观点认为，这表明人类儿童是完美主义的模仿者，而黑猩猩是目的驱使的模仿者。当奖赏（或惩罚）不再出现后，黑猩猩通常不会继续重复所学的动作。相反，人类婴儿仍会继续做出模仿动作，即便这不会带来奖赏或惩罚，表明人类婴儿具有为了学习而学习的倾向[33]。这或许是人类与其他动物的一个重要区别。不过，黑猩猩到底还是比鸦类更聪明。和鸦类相比，黑猩猩是更新了更高级的、能够支持意识体验的硬件，还仅仅是获得了不同的意识体验？

在学习和解决抽象问题方面，人类的能力远超其他动物。人类发明的技术比动物创造的任何工具都更精巧实用。工程师和科学家们发明了计算机、飞机、摩天大楼，以及能把人类送上月球的火箭……这样的例子还有很多。不过，我们只需要小部分人拥有创造力。

> The Consciousness Instinct
>
> 模仿和学习能够将有用的物件和发现像野火燎原一般传遍整个人类世界，最终成为我们日常生活的一部分。

就像天才心理学家戴维·普雷马克（David Premack）指出的那样，人类拥有一小撮“天选之人”，他们能够发明伟大的技术，例如控制火、轮子、农业、电力、手机、网络以及土豆皮包培根或芝士。在人类之外，地球上现存的任何物种都没有个体能达成此等伟大的成就[34]。人类超群的学习、解决问题和发明的能力是否是我们能产生意识的原因？这些能力的出现必须有硬件支持，例如模块化大脑。此类硬件是否是我们理解意识的关键？

我认为，人类意识不是因为某种类似魔法药水的东西而突然出现的，这种想法具有误导性。黑猩猩的神奇能力打开了我们的思路，我们也给予了它们独特的地位，即欢迎它们加入意识大家庭。但是，首个发现并描述黑猩猩的心理活动的科学家提出了一个问题：它们是怎么看待意识的？我们对黑猩猩有一套理论，那么它们是否对我们人类也有一套理论？

普雷马克和他的学生盖伊·伍德拉夫（Guy Woodruff）率先测试了动物是否也拥有“心理理论”[35]。拥有心理理论意味着个体能够将心智状态，诸如目的、意图、知识、信仰、怀疑、伪装、喜好等等归因为自己或他人。普雷马克和伍德拉夫之所以将这一概念命名为“理论”，是因为他人的心智状态是无法被直接观察到的，而是被推测出来的。人类总是假定他人拥有心智，且行为受心智状态驱使。在“心理理论”概念提出 40 年后，一切依旧没有盖棺定论，目前看来，尽管一些动物拥有某种程度的心理理论，但这都无法与人类的心理理论相提并论。约瑟普·考尔（Josep Call）、迈克尔·托马塞洛（Michael Tomasello）和同事们花了许多年钻研这一问题。黑猩猩能够理解其他个体的目标和意图，也能在某种程度上感知和理解其他黑猩猩，但是，大量研究表明，黑猩猩不能理解其他个体可能拥有错误信念[36]，相反，两岁半的人类儿童能通过相关测试[37]。但是，考尔、托马塞洛和克里斯托弗·克鲁佩伊（Christopher Krupenye）几年前发现了一些实验证据，表明有三种猩猩科动物能够内隐性地理解其他个体拥有错误信念，但它们还无法利用自己对错误信念的理解做出外显的行为决策[38]。猩猩的心理理论能力与人类到底有多接近，这个问题还有待于进一步研究。

最近，在涉及社交能力的动物智商大比拼中，狗开始成为受人瞩目的新星。已退休的心理学教授约翰·皮利（John Pilley）有一只名气很大的边境牧羊犬，名叫“捕手”，它认识超过 1000 个单词，能理解语义，也能推测新词的意思[39]。如果有人让捕手去取一个它从没听过的东西，它会从一堆玩具中找出从来没见过的那一个送过来。狗能够通过社交线索（譬如人的指示手势）推测食物或其他隐藏物体的位置，这一点连黑猩猩都无法做到。迈克尔·托马塞洛指出，在这个过程中，狗需要理解两个层次的意图：是什么和为什么。首先，狗必须理解指示发出者希望它注意手势所指向的东西；其次，狗必须弄明白自己为什么要这么做：是这个人给出了关于某个物体所在位置的信息，还是说这个人想要这个东西[40]？黑猩猩通常能够响应人的指示手势，但不能理解这个手势的意思是指有食物藏在那里：它们似乎无法理解第二个层次的意图，也就是“为什么”。在过去的十多年间，许多研究者受到狗能理解人类给出的交流线索这一现象的启发，开始对心理理论萌生兴趣，已有初步证据表明狗拥有一定程度的心理理论[41]，但这依旧需要大量研究予以验证。

上述发现令爱狗人士兴奋不已，但别忘了，在非社交领域，狗没有显现出任何区别于其他动物的灵活性。它们的兴趣或所谓的能力非常有限。如果只有非社会性线索，它们就无法解决问题。例如，面对一个一角翘起的纸板和一个平放的纸板，它们无法猜出哪一个下面藏有食物；与此类似，面对两根绳子，一根另一头绑着食物另一根没绑，它们也不会优先去拉绑有食物的那一根——这些问题对黑猩猩来说都是小菜一碟[42]。狗的认知能力与黑猩猩不同，说明它们在不同的环境压力下，进化出了不同的大脑模块。它们的意识体验与人类和黑猩猩不同，不过，毫无疑问，有部分意识体验是这几个物种共有的。

总体看来，在寻找意识体验的先决认知条件上，目前我们所做的尝试依旧徒劳无功。已有实验证据过于零散，无法回答大脑到底必须做什么才会让意识体验诞生。如果意识体验真的是一种戏法，那么大脑就不会轻易将其放过。还记得之前的章节里提到过，我们无法意识到视野中的盲点，即使盲点是客观存在的吗？在这里，我们的视觉系统耍了一个意识戏法。但是，对大多数人来说，人类的意识体验可不是一个戏法，而是一个切实存在的东西，受大脑某一部分或某一个系统控制，我们也开始寻找这个重要的控制台。人类拥有发达的认知能力，能够发明和使用新科技，也能够推测他人的信仰和渴望，那么，人类的脑是否有某个结构是其他动物所不具备的呢？

有一项研究对人类和黑猩猩脑的神经毡体积进行了比较[43]。神经毡包含负责神经连接的脑结构，由大量轴突、树突、突触等组成。人脑的前额叶负责决策、问题解决、心理状态归因和时间规划，其神经毡所占比例超过黑猩猩脑，该区域内的树突与其他神经元连接的突起数也比其他脑区更高。这一解剖学发现表明，前额叶神经元的连接模式可能造就了人脑的独特能力。有趣的是，和其他鸟类相比，鸦类的前脑，尤其是与哺乳动物前额叶对应的区域更大[44]。但是，我们将看到，类似思路或能解释为什么人类拥有更多能力，却无法帮助我们理解意识的起源。相信意识体验的产生与某个特殊物质或某个特殊脑区有关是一种思想倒退，而非正确的研究方向。

寻找意识

The Consciousness Instinct

> 我们必须转变思路，抛弃特殊物质和特殊脑区之类的想法。我们应当去研究大脑中那些彼此独立的模块是如何聚集的，以及它们的组织结构如何产生我们时刻都能感受到其存在的意识体验。作为认知科学家，我们可能会钻牛角尖，误将意识看作一种区别于其他心理活动的现象。这种想法并不恰当，相反，我们应当将意识看作人类认知功能的一个固有属性。如果我们丧失了某种特定的功能，与之伴随的意识活动也会消失，但我们并不会因此而丧失整个意识。

意识或许并非产生自特定的神经网络，对于这一观点，我的裂脑病人研究提供了一些早期证据。比起大脑半球内部的神经连接，左右半球间的连接更少，但论其数量依旧惊人。即便如此，切断半球间的神经连接对人的意识体验影响也很小。也就是说，即使左右半球再也无法交流，大脑左半球依旧能正常进行思维活动，仿佛什么都没有发生。更重要的是，两侧半球的连接被切断后，病人会立刻出现第二套独立的意识系统。右半球也开始不顾左半球的想法“放飞自我”，尽情表达自己的能力、欲望、目标、洞见和感情。一个神经网络被一分为二后，形成了两个意识系统。这么看来，我们还怎么相信意识是某个神经网络的产物？我们需要一个新的理论来解释这一现象。

想象一下，一个裂脑病人刚从麻醉中苏醒，此时他的两侧半球都对对方能感知的视野一无所知，这位病人的意识体验会是什么样的呢？他的左半球无法看到左侧空间，右半球无法看到右侧空间。但是，负责说话的左半球并没有抱怨任何视力缺损。事实上，病人甚至会告诉你，他没觉得自己跟手术前相比有什么不同。既然半侧视野都已经消失了，他为什么还会这么说呢？就好比患有半侧空间忽视症的病人，负责说话的左半球也不会汇报说有一半视野看不见了。能够汇报该视野损伤的模块位于右半球，无法与左半球通信。左半球并不会思念这些失联的模块，甚至不知道它们的存在。关于拥有过左侧视野的记忆也就这样从左半球中消失了。现在，左侧视野的意识体验被右半球独享，而与左半球的体验完全割裂。根据这个例子，我们能获知意识的哪些特性呢？

不再拘泥于寻找某个独立的“意识”模块后，我们可以开始细化意识的本质。我们知道，局部大脑损伤能够引起不同的认知障碍。但是，此类病人依旧能够觉察周围的世界。患有半侧空间忽视症的病人无法觉察左侧空间，但依旧能觉察右侧空间。

如果每一个模块都参与控制意识体验的话，会是什么情况？外伤或卒中可能会损伤某一个模块，和这个模块有关的意识也随之消失。别忘了：患有半侧空间忽视症的病人对空间的一半不再持有意识，因为负责加工这部分信息的模块不再运作了。如果负责确定自己所处空间位置的模块出现整合异常，意识体验就会受到严重影响，从而产生身后有人的错觉。再比如，乌－维氏病会导致杏仁核受损，使得病人无法体验恐惧的情绪。有一位乌－维氏病患者在二十几年的时间里频繁参与相关研究，但她依旧对自己的情绪缺损毫无认知，并经常莫名遭遇可怕的事件[45]。她不具备恐惧的意识体验，因此也不会躲避危险。

The Consciousness Instinct

意识是模块的属性，而非特定模块的功能，这一观点能够解释不同物种间的意识差异。

动物不是无意识的行尸走肉，而是因模块及其连接方式的不同而持有不同的意识。人类的意识体验很丰富，因为我们拥有很多模块。的确，人类的大脑拥有很多高度整合的模块，使得我们能够将不同模块的信息结合在一起，形成抽象的思维。人类意识如何诞生是一个难解之谜，但是，将意识视作功能模块的属性，或能帮助我们找到问题的答案。

即便如此，如果意识是许多不同认知活动的一个属性，那么，胼胝体完整的人类所体验到的世界为什么不是许多零散碎片的拼接，而是一个单一的连贯体？为了理解这个问题，我们可以将大脑的加工活动看作一场竞赛。各个模块的电活动量时刻发生着变化，对我们意识体验的贡献也在时时改变。最活跃的模块可以拿下这场意识竞赛，其活动也就成了个体在某一时刻的生命体验，或者说“状态”。想象你身处沙滩，天空飞过一只罕见的鸟。在这一时刻，鸟的影像和它多彩的羽毛给你带来了视觉感官的震撼，并赢取了你的意识体验。下一刻，另一只鸟的叫声获得了胜利，接着是你的好奇心获胜，于是你回过头开始寻找叫声的来源。突然，你的脚感到一阵刺痛，它争夺了意识的优先权，你立刻低头，发现一只螃蟹钳住了你的脚趾。在每个时刻里，你的唯一的意识体验就是当前内部或外界环境中最鲜明的那个认知活动，这就是所谓“会哭的孩子有奶吃”。这些相互竞争的认知过程各自由不同的模块负责。这又是如何做到的？

The Consciousness Instinct

我认为，所谓的“意识”是指一种感觉，它与个体当前心理事件或知觉有关，是后者活动的背景布。

理解意识最好的方式是将其视作一种层级化结构，分层是一种常见的工程构造，能够让复杂的系统以高效整合的方式运作，从原子到分子，再到细胞，到回路，最后到认知和感觉能力，皆是如此。如果从工程学角度来看大脑真的由不同层次构成，那么微观层次的信息可能会在更高的层次中得到整合，直到每一个模块单元都能产生意识。底层功能本身或许无法诞生“高层体验”，但在层级化结构中，新的分层能够从底层中诞生。我们应当更多地理解层级化结构，并思考其对理解大脑结构的意义。

The Consciousness Instinct

我们已经开始认识到，意识并不是一个“物体”。它是一个结构运行的产物，就好比民主并不是一个“物体”，而是一套社会体系运作的结果。

第 5 章
层级化的脑

建筑有许多方面是未经训练的人无法观察到的。

弗兰克 · 盖里
著名解构主义建筑师

假设你是一个小朋友，爸爸妈妈坚信你是科学家的苗子。在圣诞节那天，他们交给你一个旧闹钟，说道："来吧，小机灵鬼，把这个闹钟拆了，然后再拼起来，一边做一边给我们讲解讲解原理。"这道题对你来说太简单了。闹钟是一个有特定功能的结构体，它的零件数量有限，不过是轮盘、齿轮和弹簧。它的功能也是已知的。如果你完全不知道闹钟是干啥用的，手里只有一堆零件，那问题就复杂多了。

对人类大脑研究者来说，我们面对的是 890 亿个神经元，需要回答的问题则是这么多个神经元如何相互连接，并且产生人类的认知活动。我们对大脑又是解剖，又是染色，又是针探，还绘制脑图谱，甚至窃听脑信号。为了找寻背后的神秘魔法，我们认真收集海量数据，研究脑损伤病人，测试天才们的特异功能。每一年，26000名脑科学家汇聚在神经科学学会的年会上，交流各自的数据和想法，但是，这个学科仍在苦苦寻找一个能统合所有已知信息的理论框架。这件事为什么如此困难？科学家们到底忽略了什么？这个问题一定还存在另一面，有待我们去发掘。在20世纪中叶，理论生物学家罗伯特·罗森向他的女儿提出了一个难题："通过新陈代谢、复制和修复，组成人体的物质大约每8周就会完成一次彻底的更新。但你依旧是你，你的记忆、你的人格依旧在那里……如果科学坚持追踪粒子，就会跟着粒子穿越整个生物体，从而完全错过了生物体本身。"[1]

罗森的论述暗示，有机体必定独立于构建生命系统的物质粒子。的确，脑的结构组成及其功能只是整个故事的一部分。一个系统的结构与其功能之间，一定有一个常被忽视的第三方力量存在，将二者联系在一起。其中缺失的是系统各局部结构如何组织，局部之间的互动有何效果，以及其与时间和环境之间的关系。罗森的导师、芝加哥大学的理论物理学家和数学家尼古拉斯·拉舍夫斯基（Nicolas Rashevsky）将之称为"关系生物学"（relational biology）。这些概念被电子工程及系统生物学的研究者广泛接受，但即便在罗森提出警示的50年后，大多数分子生物学家和神经科学家依旧对此一无所知，抑或是熟视无睹。

引导我采用这一另辟蹊径的方式思考大脑结构的人是约翰·多伊尔（John Doyle），加州理工学院的一名控制与动力系统、电子工程及生物工程学教授。多伊尔博士教给我们的第一课，就是研究局部不能长久。学校给你提供看书、吃饭、洗手和储物的地方。你家的房子也一样。但是，学校和你家不是一回事，它们的功能不同，在其中活动的人也完全不同。二者的一大区别在于局部的组成方式，也就是结构。匈牙利裔英国人、博物学家迈克尔·波拉尼（Michael Polanyi）曾说过："机器的运作受两大原则制约。位处高层的是机器设计原则，位于底层的是机器依赖的物理化学过程，前者控制了后者。"[2] 在某种意义上，机器的设计控制了自然世界，使其得以完成某个使命。波拉尼将这些制约关系称为强加于物理和化学法则之上的"边界条件"。

The Consciousness Instinct

波拉尼指出，生命体和机器一样，也拥有以上特征："和机器一样，生命体这个系统的运作也遵循两个不同的原则：充当边界条件的结构，和生命体行使功能时所依赖的物理化学过程，前者控制后者。因此，这一系统也可被称为一个受双重控制的系统。"[3]

波拉尼所说的设计即生命体的结构，这就是理解心脑复合体的关键所在。这是一个至关重要的洞见。

复合体的结构

多伊尔是解读复杂系统的行家，他能解释复杂系统（诸如波音 777 飞机或你的大脑，二者都有许多彼此关联的零件）如何高效、快速、安全地运转，而不是爆炸、崩溃或是急停。你或许能预料到，和"意识"一样，"复杂度"也是一个没有统一释义的术语。出于方便的考虑，现在我们可以着重关注系统中三个维度的复杂度。当一个系统的组成部件、内部连接和互动、行为表现（可预测或不可预测）这三个方面数量很多，或极具多样性时，我们就说这个系统是复杂的。工程系统逐渐开始拥有生物级别的复杂度[4]。例如，根据多伊尔的估算，波音777飞机大约有15万个系统模块，它们组成了复杂的控制系统和网络，其中包含约1000台负责驾驶飞机的电脑。显然，先进的技术系统和高度进化的生物系统是完全不同的，不过，它们的组织结构存在许多类似之处[5]。

通常来说，当我们看到"结构"一词时，我们会想到楼房、桥梁和高速公路的设计艺术与科学，它们的设计风格（比如巴洛克风、新艺术运动风），以及它们的建造方式（用夯土、玻璃或钢材），或许也会想到诸如布鲁内列斯基（Brunelleschi）和帕拉第奥（Palladio）这样的大设计师。

The Consciousness Instinct

> 但是，结构也可以指物体的复杂构成。这个物体不一定是建筑，也不一定具有物理实体。它可以是政府的管辖体系、互联网的通路，或是你脑中的神经网络。

在底层意义上，结构指的是"在限制范围内的设计"，也就是迈克尔·波拉尼所说的边界条件：一种统合的约束力量划定的边界[6]。对建筑来说，边界条件意味着权衡种种限制因素，包括材料（如草、泥巴、木头、砖块、石头、钢铁）、施工地点（如是否容易发生火灾、洪水和地震，平坦还是陡峭，热带还是冻土环境）、建筑功能（如居家、歌剧院还是加油站），以及显而易见的因素即房主的想法（亚里士多德所说的终极目的）等等。对你的脑与神经系统来说，结构限制包括能量消耗、大小以及处理速度。

复杂生物系统与科技系统都有高度组织化的结构，也就是说，此类系统的组成部件以特定形式排列，使其获得特定功能和稳健度。举一个简单的例子，衣服中的棉花纤维就是一种高度组织化的结构，这种结构使得布料能被用来穿在身上[7]。棉布耐磨耐撕扯，因此做成的衣服也很耐穿。相反，将同样的棉花纤维随机压制得到的是纸，就无法耐受摩擦和撕扯。高度组织化的复杂系统在结构上的相似点表明它们满足同样的需求：高效，适应性强，可进化，并且稳健。[8]

稳健、复杂与脆弱

从整体来看，动物无论大小，其身体设计和宝马或皮卡汽车没有太大区别。明白这一点后，你便能更清晰地思考生物组织的功能原理。多伊尔和同事戴维·奥尔德森（David Alderson）认为，高度组织化的系统表现出来的复杂性并非偶然。其复杂性源于以稳健性（或者达尔文所说的“适应性”）为目标的设计策略，这种策略可以是被创造出来的，也可以是由进化产生的。

多伊尔和奥尔德森如此定义稳健性：“【系统】的某个【属性】如果在【一组扰动】下保持【不变】，则称该属性具有稳健性。”方括号表示对应术语在不同情境下可具有不同含义。为了讲清楚稳健性概念，这里举一个关于复杂系统的简单例子：衣物。假设你打算去看极光，正在准备行李。目的地是冬季的北方，因此保暖很重要。在寒冷环境下旅行，羽绒类【属性】衣物【系统】应该是一个具有稳健性的选择，因为它能在气温持续走低的情况下让你保持温暖。但是，如果此时来一场瓢泼大雨【一个未确定的扰动】，淋湿了你的外套，羽绒服就不再保暖了。尽管羽绒服的性能在低温下（相对而言）可维持不变，但在潮湿环境下未必如此，也就是说，羽绒服在某些场景下具有稳健性，但在另外一些场景下功能失效。如果你将“让自己看上去苗条”作为【属性】,【体重增加】作为扰动，你或许会选择相对轻便的运动装。这样一来，暴风雪中的你依旧苗条（对【体重增加】稳健），但在降温扰动下，你的衣物就丧失了不变性。

系统每增添一种能够提升稳健性的特征，就能在内部或外部问题面前更从容一些。稳健性的增加也意味着复杂性的增加。遗憾的是，没有任何一种特征能够在所有情况下保持稳健。每种特征都会为系统引入一个不同的“阿喀琉斯之踵”，在未知的新问题面前暴露出新的弱点。一旦弱点暴露，系统就必须引入另一个特征来进行弥补。但是，新的特征又带来新的弱点，从而需要更多补救措施。每一个补救措施都增加了系统的复杂性，而这又会引起复杂性的进一步升级。

属性（或者说特征）之间的权衡不可避免地会让系统行为在某些扰动下稳健，而对另一些扰动束手无策。

The Consciousness Instinct

“稳健而又脆弱”，这是所有高度进化的复杂性系统所共有的特征。

稳健性的概念无处不在，而且总是伴随着脆弱性。我最喜欢的一个生物学例子来源于对大脑发育的研究。对正常大脑来说，神经连接显然十分重要。神经元必须和大脑中其他地方的神经元建立联系，从而协调活动并产生行为。

进化对这一需求表现得十分稳健，在发育过程中，大脑会产生海量的多余神经元。结构单元 A 并非只会向结构单元 B 发出适量的神经连接，而是发送过量连接以确保稳健性。为了摆脱多余的神经元，大自然母亲找到了一种名为"修剪"（pruning）的方法。在合适的环境刺激下，无用的神经元纷纷死亡，等到发育期结束，两个结构间的连接数量便保持在可接受范围内。当然，脆弱性也随之产生。修剪过度的情况时有发生。越来越多证据表明，发育时期的修剪错误是孤独症[10]和精神分裂症的起因[11]。"稳健而又脆弱"无处不在，当你在理解大脑组织原理时，也必须牢记这一核心概念。

通用设计策略

在多伊尔看来，大多数生命系统明显具备层级化结构。因此，要想理解意识体验，就必须扎实地搞明白大脑是如何组建层级的。许多习惯使用认知模型的研究者可能一开始无法区分"水平"和"层级"。在"水平"语境下，加工是按顺序进行的（或者按照电子工程师的说法，是"串行"）。但是，在"层级"结构中，加工是同步进行的（"并行"）。当加工过程沿不同"水平"推进，每一个步骤都是在上一个步骤结束后启动，就像一场接力赛。一个水平的工作结束后，下一个水平才能继续。层级式加工则不同，就好比让所有跑者在同一时间起跑，各自奔向不同的终点。这种结构上的区别会带来巨大的差异。

The Consciousness Instinct

为了兼具稳健性和功能性，有组织的技术系统和生物系统都选择层级化结构为关键设计策略。它简单，必要，强大，而且能带来许多好处。

例如，波音 777 飞机和我们的大脑分别是技术系统和生物系统中的设计典范，二者都属于层级化结构，其复杂性在很大程度上是对用户隐藏的[12]。我们只需登上飞机，放下座椅靠背，掏出一本书，或是点一杯饮料。我们不用去思考飞机上的 15 万个子系统模块及其运行状态。如果你跳过了上一章内容，你可能连模块是什么都不知道。类似地，除非出了什么问题，我们中的大多数人并不会关心自己的大脑。层级化大脑的复杂性隐藏得非常好，以至于 2500 年之后，我们仍在试图理解这一复杂性。对波音 777 飞机和我们的大脑来说，系统的结构将其复杂性隐于幕后。那么，层级化结构到底是什么？

工程师的工作目标是设计和制造能高效、有效且可靠运行的东西。在你家露台上搭凉棚①就已经够难了，更何况建造悉尼歌剧院。像悉尼歌剧院这样的大项目，建筑的各个部分都必须高效、有效且可靠地组合在一起，不仅如此，参加项目的工程师们也必须高效、有效且可靠地合作。一个人不可能包揽全部设计任务。但是，如果组织工程师队伍的策略错了，也会出现三个臭皮匠比不过一个诸葛亮的情况。

事实上，设计复杂系统的工程师们本身也是一个复杂系统，并且具有类似的组织结构。让我们来考虑一下设计及操纵波音 777 飞机的不同策略。一种策略是，在设计飞机的某一个部件时，每一个工程师都必须理解其他工程师的工作。并且，设计完成后，每一个部件都必须依靠其他部件才能正常运作。也就是说，所有东西都是按照一定次序组装起来的。这就意味着，设计飞机座椅的工程师也必须理解引擎、升力和阻力、窗玻璃、密闭增压系统等

① 我的一个朋友读到这里时问我：“什么是‘凉棚’？我们这种上纽约大学的劳苦大众从来没听过这个词。”我的朋友后来上网去查了这个词，我决定让读者你也这么做。毕竟网上还有图片。

等，且必须将座椅的功能整合于其中。这样一来，建造飞机的速度变慢、成本变高，需要更多综合性专家，不仅如此，还可能出现更多故障：如果座椅靠背没法放倒，不光你难受，飞机也别想飞了。

更好的策略应当是独立设计每个部件（或者说层级、模块），且每个部件都能独立工作。工程师只需要理解他们"需要知道"的东西。其他信息都对他们隐藏。在工程师的领域，这种方式名为"抽象化"，即移除不需要的细节（抽象化程度高等于细节少）。"抽象化层级"说明了哪些信息是可获取的，哪些信息是隐藏的。抽象化层级有时并不需要系统分层，甚至不一定要求系统包含多个部件。一本世界地图册包含多个抽象层级，尽管每一层的表现形式都一样。第一页是世界地图，你可以看到海洋、陆地，或许还标注了主要的河流和山脉。但是，还有很多信息不在上面：如国家、城市、道路、小溪和小山。翻过这一页，你便进入下一个抽象化层级，这是某一个大陆的地图，上面有许多国家、国家的首都以及山川河流。再次翻页，你会看到一个国家的地图，这回包含的细节就更多了，标记了主要的道路和小城市。在各个抽象化层级上，你能看到的细节越来越多，被隐去的信息也越来越少。但是，信息不是越多越好。如果你只是想知道不同大洋的相对大小，从法国鲁西永地区到泉水小镇间的步行路线对你来说就毫无意义。

在一个复杂系统当中，信息不只是被隐藏这么简单。每一个层级的形态完全不一样。信息在不同层级之间传递时必须是虚拟化的，也就是说，信息针对某个层级完成了抽象化。因此，在建造波音 777 飞机时，座椅工程师只被提供了制造座椅所需的信息：一套尺寸标准，这能在保证座椅设计的灵活性的同时对之加以约束，使得所有座椅都能放进飞机机舱。工程师不知道关于空气动力学的信息，不知道燃油数据，甚至不知道座椅的总数。根据我的个人经验，很显然，有的飞机座椅设计师还不知道乘客的身高可能会超过 1.8 米。

大自然母亲在很久以前便明白这个道理，并在高度进化的生物中实践了这一策略。通过进化，你大脑中的不同系统能够独立运行。例如，你的听觉系统独立于你的嗅觉系统。听觉系统无法获取嗅觉信息，也不需要嗅觉信息来处理声音信息。就算你丧失了嗅觉，你依旧能听到蜜蜂的嗡嗡声。

The Consciousness Instinct

在层级化系统中，各个层级之所以能独立运行，是因为每个层级都拥有各自的工作协议。

所谓协议，指的是一系列规则明细，它规定了层级内部和层级间合法的界面或交互行为。让我们回到座椅工程师的例子。“座椅层级”的协议即尺寸标准，只要在标准允许范围内，工程师尽可以天马行空随意发挥。层级的协议提供了约束，但也保证了约束许可范围内的灵活性。

层级堆栈中的每一个层级接收上层的输出信息，依照特定工作协议，将结果传送至下层，或返回至上层。下层层级一样，根据相同或不同的工作协议，将处理结果传给更高的层级。所有层级都不知道前一个层级接收的输入信息是什么样的，也不知道前一个层级对信息做了哪些加工。它也不需要知道，因此信息是隐藏的（抽象化的）。协议使得各层级只能加工来自相邻层级的信息。层级产生的信息可以上传也可以下传。这里有一个隐藏条件：一旦层级系统建立，信息就无法跨层级传播。也就是说，第 6 层无法加工第 4 层的输出信息，它没有可以解读这些信息的工作协议，因此必须要有第 5 层从中调解。每一层级存在的目的是服务于高一层级，同时隐藏低一层级的加工内容[13]。

举一个简单的含工作协议的层级例子：假设你参加了一场有很多国际友人的派对。有位中国女士好像认识你妹妹，你想和她聊一聊。你只会说英语，但你的爱人会说英语和法语。这位中国女士只会说普通话，但她的丈夫同时掌握中文和法语。于是你们 4 个人形成了一个翻译堆栈，每个人都是其中的一个层级，遵循各自的工作协议将接收的信息转换为新的输出语言。你的工作协议是英语，并将英语传输给你的爱人。你的爱人接收你的输出，利用英法双语协议向下一层即对方丈夫输出法语。后者同样拥有法语协议，同时他也有中文普通话协议，他将中文输出给他的妻子。她也能将信息返回，通过各层级加工传输给你，但你和你的中国朋友都无法跳过中间的法语层级。信息能在层级间上下传输，但各层级必须遵照合法的工作协议对信息进行加工，随后将之传输给下一层级。短短一场晚宴的时间内，你是不可能自己创造出一个中英交互层级的。

但是，如果你愿意的话，你可以创造出一个中英互译的工作协议。很多人都具备这样的协议，说白了就是学习一门新的语言。你能做到，机器也能做到。事实上，计算机科学家已经玩转层级结构很多年，尤其是在 AI 领域。天才计算机科学教授罗德尼·布鲁克斯（Rodney Brooks）在麻省理工学院工作，他提出的“包容结构”理念已经在机器人领域风靡数年。

你或许无法在字典中找到“包容结构”① 的解释，但这其实是个很简单的概念。一个人、一台电脑、一个机器人或一座图书馆，这些都是系统，每个系统都储存了一些知识。现在，我们要给这个系统已有的知识体系内增加一些新内容。在理想情况下，新的信息是“被吸纳的”，也就是在不产生干扰的情况下与已有体系融为一体。机器人正需要这样的构架。

布鲁克斯很清楚机器人在吸纳新信息方面的惨败境况。20 年前，在他刚提出包容结构概念的时代，机器人只要遇上程序没有指明应回避的物体就会死机，哪怕障碍物只是一块棉花糖。它们无法适应环境变化。但是，如果机器人拥有包容结构，就能通过在现有层级上逐一添加新层级的方法处理递增变量。每个新增层级都能对低层层级施加其影响，从而被整体构架包容。《智能百科全书》(*Encyclopedia of the Mind*) 的作者哈罗德·帕什勒 (Harold Pashler) 总结道：“核心理念在于，系统对世界的表征不是一体的；不同层级对感觉信号的处理也不同，从而在感觉信息与控制机器人马达的运动信息之间，建立一种直接的、与运动精细对应的映射。”[14] 也就是说，机器人有许多功能十分细化的系统来精确地处理其在日常运作中可能遇到的问题。这些系统快速高效，功能强大。新问题出现时，不存在一个中央系统来改变机器人的响应模式。相反，工程师会为机器人增加一项专门负责此类问题的指令，日积月累，新增的指令越来越多，以应对更多的环境扰动。比起一劳永逸地解决所有问题，工程师选择根据情况不断添加层级。这听上去很像将模块拼装成层级化结构。事实上，一个模块可以单独作为一个层级，也可以和多个

---

① 在《美国传统大辞典·大学版》中，“包容”(subsumption) 一词意为：“包容的行为”、“被吸纳的物体”或“三段论的小前提”。而“三段论”(syllogism) 意为“一种推理方法，包含一个大前提，一个小前提，以及一个结论”。

模块一起构成一个层级。我们在第 4 章末尾提到过高度整合的模块，这便是在一个堆栈结构中构成高层级的加工模块。这样的层级从前一个层级接收信息，根据工作协议完成加工，从而产生更为复杂的输出，甚至可能产生心理理论或自我意识。

层级意味着灵活。层级化结构升级起来很简单，因为只需要改变其中一个层级，其他层级可以保持不变。而且，在出现故障时，我们很容易辨识源头。我们不需要修理或报废整个系统，只用处理出问题的层级或层级零件即可。比方你穿了很多层衣服，如果衬衫破了把它换掉就好，不需要换裤子。换作是大脑出现问题，你或许没办法像换衣服一样更新部件，但至少不会损失全部的大脑功能。

层级化结构中的神经科学

通过向复杂系统用户隐藏信息的方式来解决问题，这便是层级化结构的美学。在你的手机里，最高层级被称为“应用层级”，我们不需要知道或理解其他层级的工作原理。如果你想发一条群聊信息或拍张照片，你不用搞清楚手机的存储调配协议。类似地，我们也应当庆幸自己在开动脑筋的时候不用理解背后的原理。我们不需要知道午餐如何被转化为能量，只管饭来张口就好了。认知活动也是一样。现在，用手指指一下你的鼻子。你知道你是怎么做到的吗？控制肌肉的神经信号是如何产生的？你意识不到这个过程，这也不在你的知识体系之内。

> The Consciousness Instinct
>
> 我们通过大脑的应用层级——意识来控制我们的行为，就像波音 777 的飞行员通过电脑程序来驾驶飞机。

但是，大脑真的有层级化结构吗？还是说层级化只是一种流于形式的概念，在生物界并不存在？

当你产生一个新想法，常常会发现其他科学家和你想得一样，甚至比你早很多年。无数个事实告诉我们，人类的思想终究来自人类——回顾整个历史长河，已经有许多人提出了类似的思想。在这里，我们选择追寻谢菲尔德大学的三位前辈：托尼·普雷斯科特（Tony Prescott）、彼得·雷德格雷夫（Peter Redgrave）和凯文·格尼（Kevin Gurney）。他们都精通神经科学、机器人技术以及计算机科学，展现出来的才华似乎永不枯竭。他们大约在 20 年前写下一篇关于层级化的会议论文[15]，为我们指明了方向。故事还得从伟大的 19 世纪英国神经病学家约翰·休林斯·杰克逊（John Hughlings Jackson）说起。杰克逊是一位毋庸置疑的杰出医师，一位引领世界的一流骑手。可惜的是，一旦拿起笔，这位一流骑手就像换了匹三流的马——他的字迹几乎无法辨认，好在几位优秀的同仁帮助世人理解了他的工作。

达尔文启发了科学界和医学界，杰克逊也紧随其后。在自然选择的塑造下，大脑成为一台感觉运动机器，每个物种都拥有自己的独特能力。对人类来说，大脑的高级层级最擅长调控行为，但高级层级和低级层级都默认保有一些基本功能。例如，猫或老鼠在切除大脑皮层之后依旧能做出有目的的行为，例如行走、理毛、进食以及喝水。但是，高级层级缺失后，一些更复杂的行为就无法完成。普雷斯科特和他在谢菲尔德的同事如此写道：

> （杰克逊）将神经系统分为低级、中级和高级中枢，并认为各层级从低到高依次展现了从“高组织性”（最固定）到“低组织性”（最可变）、“最自动”到“最不自动”、最“完美反射”到最不“完美反射”的转变，这一转变伴随着行为分解能力的提升——高级中枢和更低层的中枢执行着同样的感觉运动调控工作，但前者的实现形式更为间接[16]。

杰克逊很快从自己的层级化理论中看到了更多，并提出系统中必须包含“分离”（dissociations）机制，他将这一术语引入了神经病学，根据他的观点，特定大脑区域损伤会产生特定的行为缺陷。因此，将高层层级剥离，只有底层层级能做出响应，且该响应受限于底层层级的能力，就像大脑皮层被切除的猫那样。

会进化的层级系统

当然，这些划时代的研究都指向了同一个问题：从进化的时间尺度上来看，大脑是否是以一种层级化的方式进化而来的？大脑的脑区是否一点点增加，比较解剖学又是否能提供这样的证据？证据的确有，这便是普雷斯科特大放异彩之时。他整理出一个复杂而又精彩的长篇故事，讲述了现代脊椎动物的神经系统从 4 亿年前由脊髓、后脑、中脑及前脑这几个基本零件开始的进化历程。千万载光阴流逝，前脑中的模块和层级不断增加，新的模块和层级带来了全新的功能，而不是简单地强化已有功能。例如，一些动物四肢操纵物体的能力增强，并添加了新的零件——手指，因而需要有新的神经加入控制这些部件运动的模块层级。有手指的脊椎动物明显比没有手指的脊椎动物多这些新的神经通路。正如杰克逊预测的那样，损伤部分前脑可能会破坏手部精细运动的控制模块，却不会影响对胳膊运动的基本控制。

对任何一种动物来说，拥有进化能力都是一件好事，因为进化正是动物适应新环境的基础。进化能力的定义是生物产生可遗传的表型变化（又被称为“可被观察的性状”）的能力[17]。如果某一个性状获得了大自然的青睐，它就会被延续给下一代。一个著名的例子便是加拉帕戈斯群岛上的地雀，不同种的地雀拥有不同尺寸的喙[18]。达尔文提出了可遗传变异的自然选择理论，同时也留下了诸多谜题，比如这些变异到底是从哪里来的，又是如何产生的？一个老生常谈的说法是这些变异来自随机的基因突变，它能解释部分问题，却不是完美的答案。生物学家们为这个问题苦恼了很多年。

此时登场的人物是哈佛大学的生物学家马克·柯施那（Marc Kirschner）和其加州大学伯克利分校的合作者约翰·格哈特（John Gerhart）[19]。他们希望知道现代生物是否拥有某种细胞或发育机制专门负责所谓的“可进化性”。换句话说，生物是否拥有主动产生可遗传的表型变化的能力？进化压力又能否作用于可进化性？又或者说，能够产生更多可遗传表型变化的物种是否更有可能在自然选择中胜出？

从身体形状、组织结构、发育到生理机制，多样性在动物世界无处不在。与此同时，在包括生化过程、细胞信号通路和基因表达调控方面，生物又存在着惊人的共性。动物和植物、真菌以及黏菌共有许多核心的机制。例如，我们使用同样的酶来控制细胞分裂。我们的新陈代谢和细胞复制机制也与细菌别无二致。为什么会这样？因为我们有很多相同的基因序列。一些生物学家相信这些核心机制约束了进化过程，但柯施那和格哈特不这么认为。事实上，他们的观点恰恰相反。他们认为，之所以生物共有如此之多的核心机制，并且在过去的 5.3 亿年间都不曾改变，不是因为这些机制限制了灵活性——恰恰相反，它们赋予了生物灵活性，并使得成功的性状变化能够被传至下一代。一些生命过程在环境变化面前十分脆弱，而这些机制的灵活性本身便是一种表型变化。因此，在充满不确定性的自然环境面前，正是这些机制确保了生物的进化灵活性。

现在，如果你觉得“以去约束为目标的约束”听上去很像某个层级化结构的工作协议，那你就想对了。大多数生物学家并没有充分意识到层级化结构对表型变化的重要性，多伊尔和奥尔德森对此深表遗憾。

The Consciousness Instinct

层级化结构之所以能进化至今并充斥整个生物系统，原因很有可能是它能够在一系列约束条件的范围内产生变化，从而在物竞天择中胜出并被保留下来：无层级，无未来！

规则产生自由

你或许能看出层级化结构的存在，但不一定能搞明白层级之间的信息传输。五花八门的信息涌入一个层级后，必须经过这个层级的加工，从而转换为能被下一层级理解的形式。层级化结构中最主要的约束条件来自层级间的交流过程[20]。你可以将层级化结构的这种特性理解为一个领结或沙漏，中间缩紧的部分就是工作协议，输入和输出信息在两边散开。在我们之前举过的关于飞机座椅工程师的例子中，座椅的尺寸标准是工程师的工作协议，相当于在中间约束住领结的那个结。这份工作协议的输入可能是任意一种制造材料、任意形状或颜色。输出则是一系列材质、设计和颜色不同的座椅，但所有输出座椅的尺寸和功能都符合工作协议的规定。整体来看，整套系统是约束的，但同时也是“去约束”的——这是个生造词[21]。由不同的输入可得到不同的输出，因为层级化完成任务的方式可能有很多种。仔细想想，是不是觉得有点儿像魔法。当看到一台层级结构优秀的机器人时，你仿佛会觉得这台被设定好只会做出几种固定反应的机器似乎真的能思考，就像一个鲜活的生命。层级化结构让系统变得更灵活了[22]。

> The Consciousness Instinct
>
> 层级的工作协议既为系统带来了约束也解除了约束，这一点非常关键。

我希望你能牢记这个观点，所以我决定再举一个例子。之前我们讨论过穿衣服，每一层衣服都可以有多种选择。你可以用熊皮斗篷配羊毛裤子，美利奴羊毛外套配羊绒毛衣和羊皮裤，或是化纤针织外套配貂皮背心和橡胶潜水裤。衣服可以是带拉链的，也可以是套头的，是连体的或上下分开的；可以有高领，袖口和裤管可以有松紧；可以是任何颜色或款式。保暖层级的工作协议提供了约束（必须锁住热量），同时也解放了无限种可能，提供了大量选项。用达尔文的理论来说，即我们对变化进行了选择。可以看到，这种灵活性使得保暖层级从远古的动物皮草披风一路进化成带拉链和兜帽的大号洋红色化纤针织衫，甚至还有口袋。这个例子展现了层级化结构最重要的特点：它能在大时间尺度上发生变化，从《摩登原始人》（*Fred and Wilma Flintstone*）

里那对主角夫妇穿的外套，变成阿玛尼西装和华伦天奴礼服。

层级化结构的灵活性也有其缺点。如果我们将上面那堆保暖衣物看作输入，并规定输出必须是“时尚穿搭”，问题顿时变得棘手起来。工作协议越明确，约束力越强。从这个角度来看，一体化结构系统在摆脱层级后可能会变得更高效，因为不会有多个工作协议分而治之的情况。再次强调，工作协议指的是一套规定或细则，用于限定层级内或层级间的界面和交互。我们完全可以设计一件连裤衫，使用某种昂贵的布料，你只需要穿这一件就能做到又保暖又防水又舒适，而且还轻便。你能把它塞进背包，穿起来很方便。甚至还能让你看上去又苗条又时髦！你这辈子就只用穿这一件衣服了。多好的点子！

但是，功能一体化的结构对复杂系统来说并不理想，因为一个微小的故障就可能导致整个系统崩溃，也很难进行系统升级。你不小心用指甲划破了那件完美连裤衫的裤腿，整套衣服就毁了。层级系统受损时，你至少还有一些后备选项，修理和更换零件也更方便。又或者，如果市面上出现了更好更透气的材料，你该怎么办？想享受新材料，你就不得不扔掉整套衣服，然后换一套新的：成本太高了。单一系统的维护需要花费更多时间、能量和资源；它的高效是有代价的，那就是高成本和低稳健性。层级化系统更灵活，因为每一个层级都能提供许多不同的功能，在一个随时变化的环境中，这便是一个很大的优势。在进化中，层级化结构是一个理想选项，因为这种系统的弱点数量有限，变化的潜力却很大。当环境随时间发生变化，此类系统能更快地适应。总之，层级化结构更适合复杂系统，因为它修复简单，维护成本低，更灵活，可进化。

层级化复杂系统的弱点是工作协议故障。当系统发生损坏、遭到攻击或被劫持时就会出错，其后果可能是致命的。例如，如果因为缝纫层级的某个工作协议故障，你的羊毛裤子开线了，这条裤子也就丧失了功能，你还不如改穿夏威夷草裙。换作你身体中的生物系统来说，如果你的免疫系统工作协议被劫持了，你便会患上自身免疫疾病。复杂系统由诸多部件和层层子系统组成，局部结构之间的交互会产生难以预测的后果。例如，某个部件的小故障可能对局部功能影响甚微，却会在与其他部件的交互过程中被不断放大，最终影响整个系统的运作。这种难以预测的交互作用可能导致系统崩溃[23]。

即便是最稳健的系统，也可能因工作协议故障而受到损害。然而其优势在于，此类系统从整体来看弱点较少。不仅如此，故障出现后，层级化系统或许还能勉力支撑，如果换作一体化结构，任何一个部件遭受的攻击都有可能击溃整个系统。

为什么不能彻底解决系统中的故障？为什么不能直接把弱点去掉？问题在于，用于解决故障的新策略不可避免地会为系统引入新的弱点，导致我们总要不断地为系统打补丁。稳健性增加意味着系统层级增加、复杂度提升，整个过程就像一场军备竞赛。在这场竞赛里，为了弥补弱点，系统不断添加具有稳健属性的新层级，从最初的化学物质到人类复杂的大脑和身体，从螺丝和螺帽到波音 777 飞机和奥维尔·莱特（Orville Wrighe）的自行车，所有进化都可以被看作军备竞赛的成果，就像《爱丽丝镜中奇遇记》里的红皇后，越跑越快只为了留在原地。照这样下去，我们岂不是没有希望了？有一种策略能在此扭转局面，那就是为系统引入冗余性。

大脑的无数种工作方式

层级的工作协议约束了输出的可能性，但没有规定具体的输出内容。去约束的约束和因果关系不一样。假设你正在为一场派对准备穿着，你衣柜里的存货（或许还有你对常人派对穿着的理解）约束了你的选择，却没有指定具体的服装，你依旧可以有多个选项。工作协议中去约束的约束不会指定输出。如果没有意识到自己正在处理层级结构的工作协议，并先入为主地认为工作协议指定了输出内容，就会带来一系列问题。你可能会试图从行为表现中预测神经发放模式，或者说产生行为的“大脑状态”。伊芙·马德（Eve Marder）[24] 是一位了不起的生物学家，她研究的是龙虾的消化道。她的研究工作很好地证明了这种思维方式的错误。

在这项研究中，马德的研究对象是龙虾的“消化层级”，她检查了肠道的收缩情况。她将每一个神经元和突触分离出来，并详细研究了它们的神经递质活动，后者与龙虾的肠道运动密切相关。就像你的衣橱能产出数百万套装扮（你可以用各种奇奇怪怪的方法进行搭配，比如袜子套手上、短裙底下穿牛仔裤等等），她也在这个小小的肠道中发现了 200 万种可能的神经网络组合。但是，和你的穿着一样，工作协议的约束减少了输出的可能：只有一小部分神经网络是可行的。你不会把内裤穿在休闲裤外面，也不会在晚礼服下面穿夹克衫，虽然如果你想的话也不是不可以。但是，成百万上亿个选项中的一小部分依旧是一个庞大的数字。事实上，有 1% ～ 2% 的神经网络是有功能的，也就是由这寥寥数个神经元组成的 10 万～ 20 万种神经网络会产生龙虾的肠道活动。要想完成运动层级的任务，方法有很多，就如同穿搭的方式有很多种。对神经元发放来说，解决问题的方式千千万万，这就是“多重实现性”。也就是说，同样的认知特性、状态或事件可以由不同的神经发放模式来完成。这看似是一种进化时间或生化能量的浪费。但这也意味着如果一条通路走不通了，就有另外一条通路接棒。

层级化系统通过发展出多用途的部件来节约资源。例如，在大脑的生化层级，有很多蛋白质在信号通路和反馈回路中负责多个环节，从而可以在多个层级参与对系统的调控[25]。系统不再需要为每个层级单独设计部件，从而节省了能源。

另外一项节约能源的特性是平行加工带来的损害机制。例如，多细胞生物中存在细胞层级，每个细胞单独进行新陈代谢，独立行使职责；同时也有一个组织层级，由许多细胞合作组成，在组织的工作协议下完成任务。细胞层级中的细胞拥有自己的工作协议，也许和组织中的其他细胞一模一样，但是独立运作的。如果一个细胞受损，只需花费少量资源来修复这一个细胞，而不是修复整个组织。并且，如果细胞的受损程度过重无法修复，组织的功能很可能不会受到影响，因为一个细胞的缺失通常是可以被忽略的。但是，在层级化系统中，如果一个负责将信息从一个层级传至其他层级的核心部件出了问题，系统是可能会崩溃的。依旧以生物组织为例，如果负责连接细胞的蛋白质出了问题，信息就无法从单细胞层级传递至组织层级，这样一来，整个系统就宕机了。尽管存在缺陷，生物系统的层级设计依旧是有利的，因为它减少了系统中可产生严重后果的攻击点个数，并限制了攻击对其他区域的影响。

柯施那和格哈特提出，灵活性高的遗传性状为复杂生命体打开了进化之路，因为可变性高的系统往往对致命突变更宽容。生物群体之所以能发生进化，正是因为层级化系统产生的性状变化。因此，层级化系统的“可进化性”为适者生存做出了巨大贡献。

从染色体到意识

从现在开始，我们得小心了。尽管我们已经知道复杂生物系统具有层级化结构，但对每个层级扮演的角色、具备的功能以及活动的方式，我们依旧知之甚少。我们对一些系统，比如细菌的了解胜过另外一些系统，比如，你或许已经猜到了，就是我们的大脑。在生物系统中，多伊尔所说的“合成层级”（composition layers）是最基本的零件，它们也是进化中最古老的层级，由亚原子粒子、原子再到分子层层构建而来，每一层都有各自的工作协议。其他可能还包括一些负责约束分子内部及分子间交互的层级，负责产生动态交互即负责产生变化或进展的层级，以及负责通过反馈调整系统响应的控制层级。控制层级的工作协议负责引导系统在内部和外部扰动下的行为反应。我们可以确定的是，在人类大脑中，控制层级的成熟比其他系统来得更晚。如果你不相信，不妨试着去招惹一个青少年。

控制你自己

控制为系统带来了秩序和精确度，并能防止系统随意发挥。想象一下，如果我们的神经元发放是完全随机的，我们就连吃饭都没法把叉子送进嘴里，更不用说完成像走钢丝这样的高难度动作了。系统的控制机制可以是最优控制，使系统在中等、中性风险程度下表现最佳；也可以是强健控制，使系统对风险敏感，尽可能优化系统在高风险环境下的表现。名副其实，最优控制是针对特定问题的最优解，在其他问题面前则不能保证发挥水平[26]。因此，在今天的科技系统中，通常使用的是强健控制（通常对用户隐藏，只在系统崩溃或死机等特殊时刻现形）[27]。波音 777 飞机能在风暴中顺利航行，是因为控制系统的设计目的就是应对糟糕天气，而不是优化大晴天里的飞行表现。

多数神经科学家相信大脑的控制系统是最优控制，但神经科学家、工程师兼医师丹尼尔·沃尔珀特（Daniel Wolpert）和同事们对此表示反对。相反，它们认为强健控制才能更好地解释人类的运动控制[28]。强健控制系统对稳健性和效率有着严格限制[29]，并且必须在二者之间进行权衡，包括对速度与精确性的权衡，速度与灵活性的权衡，灵活性与效率的权衡，速度与功耗的权衡。在各种类型的意识与潜意识加工中，都可以看到这些权衡机制[30]。

在沃尔珀特看来，运动控制是重中之重。他属于一个自称是运动沙文主义的学派，并将之发扬光大。该学派成员还有诺贝尔奖获得者查尔斯·谢灵顿和罗杰·斯佩里。前者曾在著作中写道“生命的目标是行为，而不是思想”，后者则常教导我们说“客观地观察大脑，将之看作一套控制运动活动的机械装置”[31]。毕竟，将食物送上餐桌、将面团送进烤炉的是行为活动，而非认知活动。行为使我们的祖先得以生存和繁衍。沃尔珀特可能是运动沙文主义的现任领袖，他认为人类大脑之所以成为今天的模样，是因为只有这样我们才能以适应环境的方式进行活动。先别急着反驳，来看下面这些例子。心脏是一块肌肉，你离不开这块肌肉的运动。运动还帮你获取食物，并完成咀嚼和消化。没有食物，大脑就无法运作，自然也无法完成那些有创造性的活动，诸如文学、艺术和音乐；但如果没有运动，这些创造性活动也只能停留在你的脑洞里，大脑需要通过言语、书写、手势或表情来将它们展现给外部世界。我们应当仔细思考这一观点带来的启示。如果我们的大脑是以身体的运动控制系统为使命进化而来的，那么思考、计划、记忆、使用感官等等都是为此而生的工具，它们提升了层级化结构的复杂性，最终都是为了增加运动控制在变幻莫测的环境中的稳健性。学习与认知也在其列。并且，这些进化上的新层级都为系统引入了新的弱点。

如果你不小心碰到了一个滚烫的炉子，你的输出将会是一个自动反射：在感受到疼痛之前，你就已经缩回了手指。这是一个作用于外周神经系统的反馈控制机制。脊髓神经元传播速度快、直径粗、绝缘好（因此耗能也很高），能够立刻激发躲避疼痛刺激的活动，而不需要意识的参与。这种反射自动、快速、能耗高，并且不被意识觉察，同时缺乏了灵活性。缩手是一个流畅简短的动作，不像蝴蝶拍翅膀那样缓慢轻盈。短暂的延迟之后，缓慢、细小、功能特化的神经终于有了反应，为你提供了关于动作来源的意识情报：哦哦哦，我的手指好痛。接下来会发生什么？缓慢的意识认知活动能够产出一系列反应来减轻现在以及将来可能出现的疼痛：你也许会把手指含在嘴里，或泡冰水、涂芦荟胶。你决定以后再也不摸滚烫的炉子了。认知是精确、灵活、节能的，但也是迟缓的。有时我们能耗得起时间，但在一个不确定的环境中，迟缓也许意味着死亡。

我们可以将学习和认知看作一种精心设计的控制层级，它们的存在目的是为尚未出现的刺激制定计划，从而使我们对未来可能出现的扰动能有稳健的反应。这么做一部分是通过利用以往遭遇类似刺激的经验（即记忆）形成的反馈，这种反馈的作用不只是调整刺激输入这么简单。一段时间后，它还可能更改层级的工作协议，我们将之称为学习。

人类、动物以及其他一些生物能通过多种学习机制来为未来做准备。如果动物吃到了一种味道不好的食物，就会在将来懂得避开这种食物。我们知道，当同样的刺激（比如“太烫了！别摸！”）激发出生物不同的反应时，学习就发生了。工作协议从“吃鸟类”变成了“吃除乌鸦以外的鸟类”，或者从“用触摸的方式探索物体”到“用触摸的方式探索火炉以外的物体”。

有些自动化行为是我们与生俱来的，比如下意识的疼痛反射，有些则是通过后天习得的。学习能够使一些行为从花哨而又缓慢的意识控制下沉至快速自动的潜意识层级。例如，你在练习高尔夫挥杆时，你会通过对过往挥杆的回忆来预测球的落点。挥杆结束后，你还能通过视觉获得关于实际落点的反馈。咣当！你对自己的挥杆姿势进行些许调整，再做尝试，感觉自己更有信心了。这回距离把握得不错，但偏了点儿。好的，再调整一下。练习足够多次数后，你就可以近似百发百中了（只要没有外界扰动，比如一阵小风，或是朋友趁你挥杆的时候在旁边贫嘴，或是你突然觉得渴了，突然抽筋了，或者是突然想到了什么事情，好吧，不管想到什么事情都有可能）。你不再需要有意识地控制所有的动作，这些动作已经成为自动化的了。

要想对未来的扰动有稳健的反应，还需要你对从未经历过的刺激制定计划。在制定计划时，我们会通过内部模型来模拟未来。我们回忆过去的经历，并将记忆以多种方式进行组合，从而产出一系列计划，以适应未来的境况。这样一来，对认知这个花里胡哨的控制系统来说，模拟计划便是一个去约束的约束。当你在为去北方旅游进行逆向穿衣准备时，你就用到了这个工作协议。首先，你通过过去在类似情境下的经历预测你可能遇到的情况和可能产生的感受。你想起来当时自己的实际感受和期望不符，于是决定调整你的着装，好让自己对寒冷、潮湿的天气拥有更强的稳健性。随着经验和经验产生的记忆逐渐积累，负责计划的工作协议便获得了更多信息，可用于应对更多类型的未来场景。你的经验越多，大脑能模拟的选项也就越多。

The Consciousness Instinct

> 将层级化的概念引入诸如你我这样的复杂生物系统，能够让我们在思考生物系统运作方式时开辟新的视角和立场。将大脑分解为一个个交互的层级，也能为工程师提供一个建造人工大脑的框架。

尽管大家距离这个目标还很远，但层级概念的确能帮助忙碌的神经生物学家在研究单个神经元或小型神经回路之余，更好地去思考自己的实验发现。层级概念提示我们，局部零件能通过一定的组织方式形成复杂的系统，从而完成艰巨的任务，就好比设计悉尼歌剧院。

第 6 章 受到损伤却有意识的脑

不管你的推测有多漂亮、你本人有多聪明，这都没有用……只要与实验结果不符，就是错误的。

理查德 · 费曼
诺贝尔物理学奖得主

意识是顽强的，它很难被彻底抹除。我曾有幸在神经科病房中工作过几年，这便是我学到的宝贵一课。与不同脑损伤病人交谈并为他们做检查之后，我很明显地感受到，意识真的很难被消除。一些形式的意识活动总能坚持保留下来，除非皮层损伤过于严重，导致整个大脑功能失常，在这种情况下，病人通常会陷入昏迷或植物人状态。这种严重损伤产生的原因可能是关键时刻忘记戴头盔，也可能是大脑血管栓塞或破裂出血，可能是肿瘤移除手术的后遗症，也可能是药物滥用。病人的人格可能发生改变，可能永久性丧失某一项技能，或是对世界的感知发生变化，但只要不是上述那种程度的损伤，意识就不会离开我们。没错，科学的圣杯就是在大脑中寻找意识，但是相信我，如果意识真的是一个可以被寻找的实体，那我们早就成功了。

在过去2000年的人类历史当中，学者们一直期盼着找到所有语言、记忆、注意和意识活动的源头与核心：可能是一种灵性精华，一个位于前额的腺体，一个永生的灵魂，或是一个脑区。没有人知道这些被我们视作珍宝的能力到底是如何实现的，但我们知道大脑的哪些区域负责语言、记忆和注意。不过，一旦开始寻找负责意识的脑区，我们就屡屡受挫，因为似乎并不存在这样一个脑区。神经病学的临床经验不断地提示我们，应该采取另一种思路来研究这个问题。

一直有证据表明，脑干位置的缺损会对意识造成严重影响，导致病人进入昏迷状态，常常还可能是永久性的[①]。但这完全是另外一回事。就好比，汽车如果被拆除了电池，就完全无法工作。你没办法启动它，也无法知道它的功能到底如何。脑干损伤也一样，会导致大脑彻底关机。此类极端事件无法为我们提供有效的信息，我们也无法从中理解意识。

现在，我们已经掌握了模块和层级的概念，可以尝试去理解为什么许多严重脑损伤病人的意识能得以保留。我们必须找到一种方法来解读脑损伤状态下的人类行为。我们必须彻底搞明白意识之所以如此顽强的原因。

大体而言，原因可解释为参与构成我们日常意识体验的模块数量众多，

---

① 意识所必需的加工发生在进化中最古老的脑区——脑干。脑干的主要职责是维持躯体和大脑的内环境稳态。它让你的心脏持续跳动，肺部持续呼吸，肠道持续消化。对任何哺乳动物来说，切除脑干都意味着躯体死亡。从脑干开始，神经元连接发往不同方向。与意识密切相关的神经元通常投射至丘脑的板内核群（intralaminar nuclei, ILN），而丘脑位于中脑与皮层之间。

即使受伤或出现故障，总数依旧可观。

The Consciousness Instinct

模块化大脑一呼百应，以至于“条条大路通意识”。一条路被毁，还有其他路可选。

要想彻底消灭意识，就必须关闭所有通往意识状态的模块。在那之前，完好的模块会持续将信息从一个层级传递给另一个层级，最终产生主观体验。此时意识体验的内容可能有别于常人，但至少意识还在。拜访神经心理相关科室，我们将看到不同的大脑损伤如何影响意识，从而帮助我们推测大脑的组织模式。事实证明，我们的认知生活在受大脑皮层掌控的同时，也随着情绪状态不断产生波动，而后者时刻被我们的大脑皮层下结构所调节。

拜访医院

我们拜访的第一位病人是一位老人，可能部分读者的祖父母辈也有类似的情况，老爷子和我握手打招呼，却想不起来我是谁。他不记得几天前刚见过我。他所患的阿尔茨海默病是最常见的一种痴呆症，与大脑中的 β-淀粉样蛋白沉积有关。这意味着老人的全脑各处都存在严重的神经损伤。在过去的 20 年里，淀粉样蛋白被认为是阿尔茨海默病的病因，但最新一项证据否定了这一假说，并获得广泛关注[1]。无论如何，这种疾病会缓慢地破坏大脑，在内嗅皮层和海马神经元死亡后，病人会出现短时记忆丧失，病情也由此急剧加重。这是一种令人心力交瘁的疾病，因为它会彻底改变爷爷的人格，将他从一个开朗体贴的人变成一个活力全无、徒有其形的空壳。不过，即便认不出我是谁，他还记得社交礼仪并和我握手。他或许会走神，但他依旧会在迷茫时感到恐惧，在事情行不通时感到愤怒。那些还在正常工作的神经回路不管它们具体是什么，仍在持续向他输出意识体验，随着功能的逐渐丧失，他能体验到的意识活动越来越少，而且这些意识活动的内容很可能十分古怪，和过去健康的自己能体验到的完全不同。因此，他的行为也开始变得古怪。

以往快乐的爷爷丧失了活力，但他可能依旧会将自己描述成过去那个享受人生的模样。护理人员和家属经常会将病人的自我认知失调归结为疾病在捣乱。但是，当朋友和家人描述患者在生病前的模样时，往往和患者本人在病中的描述惊人相似[2]。这说明，爷爷对自己当前性格的认识错误可能源于他无法对自我认知进行更新。痴呆症状给爷爷留下了一个过时的自我印象。只要爷爷的心脏还在跳动，无论其内容如何拼凑，他的意识都能在退化大脑的蚕食中存活下来。

接下来我们拜访的病人被称呼为“B 先生”。他的病情不大一样。他相信自己正在被美国联邦调查局重点关注，自己每天每时每刻的行为都在被监控。不仅如此，联邦调查局还将他的日常生活拍下来对公众播放，节目名字就叫“B 先生的秀”。B 先生当然对此深感苦恼，试图通过调整自己的行为来回避一些尴尬场面。他每次洗澡都会穿浴袍，并且会在被子底下换衣服。他避免社交活动，因为他知道自己遇到的每个人都是演员，为了给“B 先生的秀”增加爆点，他们会千方百计地找他麻烦。我们很难想象生活在 B 先生的世界是一种什么感受。但是，我们在认真分析之后会发现，B 先生的情况表明，他那理性和正常的大脑皮层正在努力为另外一个区域造成的混乱寻找合理的解释，而这个区域就是皮层下结构。

B 先生患有慢性精神分裂症。该病的风险因素包括遗传和基因 – 环境共同作用。能够增加患病风险的环境因素包括在城区长大[3]和移民身份[4]，社会隔离（例如周围的同类人很少[5]）和大麻服用史[6]也会进一步提升风险。无论如何向 B 先生摆事实讲道理，他都坚信自己正被数以百万计的人围观。精神分裂症的头号症状就是将通常来说可以忽略不计的刺激当成对自己极其重要的信息[7]：看报纸的路人突然抬头，一定是在故意看你；路上有一块石头，一定是在故意害你。这种对刺激显著性，即一个刺激是否重要、是否值得引起注意的判断异常对精神分裂症谱系障碍来说十分典型，因此，目前越来越多的人开始支持取消“精神分裂症”一词的使用，改称“显著性综合征”[8]。

当一个感觉输入引发的神经信号强过其他输入，它就具备了显著性，变得能够吸引你的注意。精神科医生、神经科学家兼伦敦国王学院教授希吉 · 卡普尔（Shitij Kapur）帮我们明确了幻觉和错觉之间的区别：“幻觉是内部表征显著性异常的直接体现”，而错觉（或错误信念）产生自“患者为这些异常的显著体验寻找内在逻辑的认知活动”[9]。在大脑中，神经递质多巴胺的数量会影响显著性的提取与表达。在病症发作时，精神分裂症患者的多巴胺合成、释放及静息状态下的突触多巴胺含量显著提升[10]。卡普尔认为，精神疾病患者的多巴胺调控存在问题，导致多巴胺系统异常兴奋，后者进一步引起神经递质水平异常，最终导致患者对物、人和行为的动机显著性出现评估异常[11]。研究结果支持这一观点[12]。感觉刺激的显著性改变会极大地影响意识体验的内容，这些内容与正常人的感受相去甚远，却构成了 B 先生的现实世界，让他的认知不得不从中寻找逻辑。如果你能设身处地地想象一下 B 先生的意识体验，就会发现他的那些幻觉、那些为了解释错觉做出的种种努力其实并不奇怪，相反能很好地解释他的日常遭遇，即使客观看来可能性很低。

并且，在这样的认知活动下产生的行为表现也显得理性了起来。注意，尽管大脑功能已经出现异常，B 先生的意识并没有消失，他依旧能够觉察到自身的存在。

无意识的僵尸

对拥有功能正常的大脑的人来说，如果只有大脑局部区域处于清醒状态，也有可能做出一些奇怪的举动。在层级化的大脑中，许多活动同步展开、彼此协调。如果这种同调性丧失，各个层级仍在运作，节奏却被打乱了，会发生什么？接下来，我们将拜访 A 先生，一个最令人感到不安的病例。

A 先生在家人和朋友口中是一个温柔顾家的男人。一天早上，他被自家宠物狗的叫声和陌生的人声吵醒。他赶紧冲下楼，映入眼帘的是一群拔出枪的警察[13]。A 先生又震惊又困惑，他被戴上手铐关在警车后座，一边在恐惧中瑟瑟发抖，一边努力偷听窗外急救人员的对话，试图搞清状况。根据拼凑来的信息，他得知妻子受伤严重，警察正在寻找凶手。当时的他还不知道，警察已经成功了，凶手正是他自己。

在令人虚脱的慌乱中，A 先生只能回想起自己几个小时前上床睡觉的情景。警方详细描述了悲剧现场。A 先生残忍地杀害了自己的妻子，随后的调查发现，当时他竟处于梦游状态。梦游期间，他翻身起床走出门外，开始修理泳池的过滤器，妻子在晚餐时跟他提过这事。妻子醒了，下楼劝他回去睡觉。他当时一心扑在过滤器上，注意被打断后，他突然变得十分暴躁，连刺妻子 45 刀，把凶器放回车库后，他发现妻子竟然还活着，于是把她推进泳池，最终导致妻子溺亡。随后他返回了床上。邻居听到尖叫和狗吠声，于是隔着围栏查看，他看到 A 先生正“一脸迷茫”地将一个人推进泳池，于是报了警。

人居然会在梦游时杀死自己深爱的妻子，这实在是太令人难以置信了。但是，由于 A 先生没有明确的杀人动机，没有隐藏尸体或凶器的举动，也没有作案过程的记忆，陪审团相信，他不是故意杀人，并且在案发时没有意识。如果事实真的是这样，在这场暴行当中，A 先生的脑中到底发生了什么？

梦游是一种睡眠异常，即睡眠期间出现的反常行为。在多年的工作中，睡眠专家通过记录脑电波活动，发现睡眠分为两大阶段：快速眼动（rapid eye movement, REM）睡眠和非快速眼动睡眠（non-rapid eye movement, non-REM）。非快速眼动睡眠发生在睡眠的头几个小时，如果在此期间突然自发不完全惊醒，就可能产生梦游。梦游的人通常是无法被叫醒的，甚至可能非常危险，因为身体接触会让他们感觉到威胁，并采取暴力回击。正常来说，非快速眼动睡眠会逐渐转为快速眼动睡眠，这期间肌张力消失，因此快速眼动睡眠期间不会产生运动。绝大部分梦游症是相对无害的，还能为目击者提供一段不错的谈资，开场白通常是：“你知不知道你昨天晚上干啥了！”如果你是梦游者本人，就不会相信对方的话，因为你根本不记得自己的深夜恶作剧。

大部分睡眠障碍的行为表现都是非理性的，看着还会让人产生尴尬情绪。梦游者可能会在半夜开始用吸尘器吸地板或清扫阳台，同时对周围环境毫无察觉。在少数情况下，梦游者可能会出现复杂的甚至可能十分危险的举动，譬如割草坪、修理摩托车和驾驶汽车。这类复杂行为使人很难相信梦游者当时对自身行为没有意识。在更少见的情况中，此类复杂行为会转变为暴力行为。一旦涉及法律问题，行为是否有意就成了关键，这进一步加剧了关于梦游者是否有意识的争论。

神经成像与脑电图更清晰地描绘了人脑在非快速眼动睡眠[14]、梦游[15]和不完全清醒[16]状态下的活动。此时的人脑似乎是半睡半醒的：小脑和脑干仍然活跃，大脑和大脑皮层则活动微弱。负责控制复杂行为和情绪产生的通路一派繁忙景象，其通往负责计划、注意、判断、面部表情识别和情绪调节的前额叶的投射却被阻断了。梦游者无法记住自己的深夜大冒险，也无法被噪声或喊声唤醒，因为负责感觉加工和形成新记忆的皮层正在打盹，暂时与意识流断开联系，不再向其中输入信息。

在梦游过程中，A 先生似乎存在部分意识体验，但这种体验和清醒状态下的他完全不一样。根据层级化大脑的观点，我们可以预测，个别“底层”意识产生模块是活跃的，使得他能熟练地为自己导航、协调动作且感知情绪，但“高层”模块的沉睡与静默使他无法理解周遭环境，也无法认出自己的妻子、听到她的尖叫，或是形成对整件事情的记忆。从系统的角度来看，这就相当于一部分区域被隔绝并断联了，只有特定区域参与了他的行为及意识体验。不幸的是，断联的偏偏是大脑皮层，它大门紧锁，毫无贡献。当 A 先生的睡眠周期结束，这些原本静默的模块再度苏醒，迎接它们的是噩梦一般的现实。A 先生的大脑并未受损，但在这场可怕的事件中，他的认知控制模块休眠了，使得其他清醒的脑区如脱缰野马，导致其行为与平时热情、平和的性格背道而驰。正是因为这些行为与 A 先生的性格和信仰完全不符，陪审团最终做出了无罪判定。

有意识的静物

相反，最可怕的一种脑损伤莫过于位于脑干的脑桥腹侧的损伤。这一区域的神经元负责连接小脑和大脑皮层，一旦受损，就会使人无法运动却意识清醒。一个著名的病例是法国 *ELLE* 杂志的主编让－多米尼克·鲍比（Jean-Dominique Bauby），他在 43 岁时突发卒中。数周后，他从昏迷中醒来，意识清醒，没有任何认知损伤，然而无法移动身体的任何一个部分，除了他的左侧眼皮[17]。这意味着他无法说话，也无法告诉别人自己是清醒的。他不得不通过自主眨眼的方式等待别人来发现这一点。这种病症被称为“闭锁综合征”。幸运的病人（如果这还能叫幸运的话）可以自主眨眼或转动眼球，尽管可动的范围很小，并且会让他们感到疲劳。他们可以通过这种方式与外界交流。但那些不幸的病人就完全与世隔绝了。

在很多情况下，护理人员要花费数月甚至数年时间才能发现病人是意识清醒的，在此之前，病人就不得不在无麻醉的情况下承受各种医疗操作，并且只能默默聆听别人谈论自己的命运，却无法加入谈话。鲍比在大家发现自己有意识后，牢牢抓住了自己眨眼的能力。他写了一本书来描述自己在瘫痪期间的意识体验。他躺在病床上默默组织语句并将之牢记。每天 4 小时，会有一位代笔人耐心地坐在他旁边，按使用频率朗诵法语字母表，一旦念到想要的字母，鲍比就会眨眼示意。2 万次眨眼后，《潜水钟与蝴蝶》（*The Diving Bell and the Butterfly*）完成了。在前言中，他以第三人称描述了自己从昏迷中苏醒时的情景，说自己“从头到脚不能动弹，头脑是完整的，却被困在了自己的身体里，无法说话，无法活动。对我来说，眨动左眼皮是唯一的交流方式”[18]。他还说自己感觉身体僵硬，并且能感觉到疼痛，但是，接下来他如此写道：

> 我的思想像蝴蝶一样翩然起飞。能做的事情有很多。你可以在空间或时间中任意游荡，可以去看火地岛，也可以去参观米达斯王的宫殿。
>
> 你可以去拜访你心爱的女人，轻轻飘落在她身边，抚摸她睡梦中的面庞。你可以在西班牙建造城堡，可以盗取金羊毛，可以发现亚特兰蒂斯，可以实现你孩童时的梦想与成年后的野心[19]。

鲍比是人类适应能力的杰出代表。事实上，闭锁综合征的病人普遍展现出惊人的适应能力，75% 的人很少或从来没有产生过自杀念头[20]。即使在如此严重的脑干损伤之后，意识依旧能存活下来，一同保留的还有关于病人关于现在和过去的完整感受。

The Consciousness Instinct

模块和层级受损或出现故障后会产生奇怪的行为。从大范围大脑皮层损伤紊乱引起的阿尔茨海默病，到脑干损伤引起的特定疾病，一幅关于意识的图景开始显现：我们必须同时理解大脑皮层和皮层下结构，才能彻底掌握瞬息万变的意识体验。

有没有这种可能：其实所有能被我们意识到的思想活动都产生自少数几种情绪状态，正是这些情绪状态使得我们对这些思想产生了主观体验？大脑层级化结构理论认为在进化意义上较为古老的大脑系统仍在负责判断“战斗或逃跑”和寻偶觅食，并且可以在认知层级的控制之外活动，那么上面的假设能否用这种理论来解释？层级结构模型能否为我们提供新的途径，以理解我们身为意识生物的构造原理？

皮层下的情绪引擎

很长一段时间以来，人们相信一切形式的意识活动来源于大脑皮层；没有大脑皮层，我们不仅会丧失意识，而且会在各种层面上都无法产生意识，彻底成为一个无意识的植物人[21]。但是，大脑皮层也可能只是一系列用来增强意识体验的拓展程序。没错，它为我们提供了许多灵活的认知能力，可以随机应变、保持在线，但是，对原始的主观感受来说，大脑皮层可能并不是一个必需品。

在大脑皮层之下存在许多皮层下网络，后者对维持意识状态非常关键。这些皮层下结构的损伤会导致昏迷，使人或动物无法对外界做出反应，在旁观者看来，就如同丧失了意识[22]。在这种情况下，即使大脑皮层功能健全，也无法弥补皮层下结构损伤带来的后果。

过去，谈论意识状态与无意识状态的区别很大程度上是在纠结文法定义。“意识”一词缺乏客观性，因为定义个体存在的主观体验本身就是一件很难的事情。这也是为什么如今人们还在就意识的特征和定义争论不休。但是，一旦进入临床环境，判断病人意识状态就成了首要任务，意识与无意识的区别不再停留在纸面，而成为一个伦理问题。如果把一个存在意识的病人判定为无意识，从而不采取任何止痛措施，就无异于施刑。

The Consciousness Instinct

尽管术语定义依旧模糊，已有证据强力地证明，一些形式的意识活动不需要大脑皮层参与。皮层下系统似乎有能力独立产生主观感受。

这个证据来自儿科诊所。令人悲伤的是，一些孩子生来有无脑畸形（遗传或发育问题导致的大脑皮层缺失）或积水性无脑畸形（残余少量大脑皮层，可能由胎儿时期的创伤或疾病导致）。神经科学家比约恩·默克（Björn Merker）在职业生涯早期开始对皮层下结构产生兴趣。由于积水性无脑畸形的病例很少，已有的信息也十分有限，为了更多地了解这些孩子和他们的病症，他加入了一个国际性的积水性无脑畸形儿父母和监护人团体。他认识了一些这样的家庭，并和他们在迪士尼乐园度过了一整周。在那期间，他发现这种孩子"不仅是清醒的，有时还表现出警觉性，并且能对周遭环境做出有情绪的反应，或是对周围事物做出有目的性的回应……他们会用微笑和大笑表达喜悦，会用烦躁、弓背和哭表达（不同层次）的厌恶，他们的脸上会因这些情绪状态产生生动的变化。熟悉孩子的成年人能够通过这些反应创造出一系列游戏，可预测地在孩子身上激发出微笑、咯咯笑、大笑和嫉妒兴奋的表现"[23]。即便没有大脑皮层及其产生的认知活动，这些孩子依旧能感受情绪，拥有主观体验，并且持有意识。你一眼就能看出他们和大脑皮层完好的健康孩子之间的差别，但他们是清醒的，他们对刺激做出的情绪反应也是正常的。

通过多年的研究，默克得出结论，他认为中脑是产生有意识的主观体验的基础。没错，大脑皮层能够让主观体验的内容变得更丰富，但产生体验的能力本身来自中脑结构。这一结论的伦理意义是巨大的。默克发现，无脑畸形儿的父母经常会遇到这种情况，当孩子在接受侵入性检查时，如果他们要求为孩子上止痛措施，不少专业的医护人员都会表示惊讶。

百家争鸣

默克

中脑是产生有意识的主观体验的基础。

也有反对的声音指出，这些孩子多少还保留着部分大脑皮层结构，因此直接得出皮层下结构产生主观体验的结论可能不妥。但是，每个孩子脑中完好的大脑皮层都不一样，行为表现却很一致，并且与脑组织的存留情况并不对应。例如，听觉皮层组织很少有保留，孩子们的听力却还完好；视觉皮层通常能够存留，视力受损反而更为常见。

有关动物情绪体验的研究进一步强化了默克的理论。神经学家贾克·潘克斯普（Jaak Panksepp）致力于动物情绪机制研究 50 余年。他将意识分为两类：进化上较为古老的情绪意识（关于原始情绪感受的意识），以及后来出现的认知意识（让个体能够思考自己的情绪感受）。在一次演讲中，他讲述自己曾经给本科生布置了一项期末实验作业。他为每位学生准备了两只大鼠作为研究对象。其中一只大鼠被切除了大脑皮层，只保留皮层下组织。另一只大鼠接受的是假手术，也就是说手术照样进行，但其实并没有切除任何脑组织。学生需要让两只大鼠完成一系列在课程中学习到的任务，并研究大鼠的表现。观察时间结束后，他们需要推测到底哪只老鼠的大脑皮层被切除了，并阐述理由。结果，在全班 16 个学生中，竟然有 12 人把正常的大鼠选为大脑皮层被切除的大鼠！

这些本科生观察的是大鼠的动机性行为，诸如觅食、交配、在受到攻击时反击或逃跑，以及和其他大鼠玩闹打斗[24]。在学生们看来，大脑皮层被切除的大鼠的行为很符合鼠类的特点，以至于让他们相信这些大鼠是正常的！如果大脑皮层是协调意识活动的唯一脑区，那么切除大脑皮层应当会导致大鼠对玩闹的同伴或其他外界刺激无动于衷。然而，大脑皮层切除没有彻底消除它们的基本能力和反应，这意味着上脑干区域足以维持相当程度的行为活动，包括大鼠的情绪及动机感受，接下来我们将对此展开详细的讨论。

意识中的感受

有关去大脑皮层大鼠和积水性无脑畸形儿童的研究表明，皮层下结构能将原始的神经输入转换为核心情绪感受的组成部分。皮层下脑区拥有属于自己的功能，这些功能出现在进化早期，在解剖学、神经化学和功能层面，所有我们研究过的哺乳动物的皮层下功能都是同源的[25]。潘克斯普认为，我们和其他动物脑中负责产生情绪的脑区是一样的，这些脑区能够提高我们的生存能力，因此被进化机制保留了下来。这到底是如何做到的？情绪相当于一个内在的奖赏与惩罚系统，向动物反馈当前的生存状态。积极情绪鼓励动物继续前进，负面情绪则根据其程度的不同，表明事情不大顺利或极其糟糕。如此一来，这些内部感官提供了一种评估外界环境的手段，并能有利地指引我们的行为，尽管从意识层面来看，它们的等级相对较低。

> 百家争鸣
>
> 安德森 & 阿道夫
>
> **情绪是由特定刺激在中枢神经系统触发的一种无意识状态。**

加州理工学院的戴维·安德森（David Anderson）和拉尔·阿道夫（Ralph Adolph）与潘克斯普观点一致[26]。他们认为，情绪是由特定刺激在中枢神经系统触发的一种无意识状态，刺激可能来自外界，如有捕食者靠近；也可能来自内部，如关于某人的回忆。一旦被激活，负责编码这种状态的神经回路会启动一系列平行加工，从而产生行为反应、感受、认知变化和躯体反应，例如心跳上升和口唇发干。即使没有认知参与和汇报，我们也能体会到这种感受。

根据潘克斯普的发现，有很多基本的情绪和动机性感受是人和动物意识所共有的，包括寻求欲、恐惧、愤怒、贪婪、关爱、悲伤和玩耍，其共性同时体现在行为和神经层面。这些感受在很大程度上可以归功于皮层下的边缘系统，它们能驱使动物行为，使之更好地寻找食物、庇护处和配偶，躲避伤害，保护自身和血亲，并与朋友和家人建立联系。

The Consciousness Instinct

如果我们将意识看作关于事物的主观体验，那么情绪必然是意识的基本组件。

潘克斯普总结称，情绪体验对生存来说是十分成功的工具，因此它们被写入基因底层，成为所有哺乳动物的保守属性，直至进化后期，大脑皮层这个扩展包为我们带来了学习机制和高级认知功能，情绪才被裹上了新的包装[27]。如果情绪感受先于大脑皮层组织出现，那么皮层下神经网络一定拥有某种独立机制，用于产生这些伴随意识体验出现的感受。通过理解皮层下网络的层级结构，我们或许能更好地欣赏意识最原始的形态。情绪和动机感受，以及它们在动物中产生的行为表现能帮助我们解答模块系统如何强化意识，以及人类意识的特别之处到底在哪里[28]。

纽约大学的约瑟夫·勒杜（Joseph LeDoux）通过精心研究，证明先前被

百家争鸣

勒杜

意识感受分为两个环节，当生理反应被负责工作记忆的前额叶皮层读取后，意识感受就产生了。

他称为恐惧回路（现已改名为“威胁回路”）的神经活动可能有另一种解释。他主要有两个顾虑。首先，情绪尚无统一定义；其次，有部分学者不认同动物共享基本情绪的观点。那么，我们该如何有把握地将情绪与其他心理状态区别开来，又该如何对不同物种的情绪进行比较？勒杜如是写道：“一个简单的方法就是捏造。对个人主观体验的自省告诉我们，一些认知状态会产生特定‘感受’，另外一些则不会。”这让他开始怀疑动物研究中一些关于类似行为对应类似体验的推论[29]。在他看来，大脑皮层是情感产生的必要条件。他认为，皮层下回路能够产生情绪行为和生理反应，却并不直接参与产生主观感受。主观感受的产生过程必须包含认知参与的步骤，而后者由负责读取和解释情绪行为的高级皮层通路提供。他并不是这一观点的唯一支持者。事实上，大部分情绪研究者都赞同类似的认知“读取”理论。勒杜提出，意识感受分为两个环节，当生理反应被负责工作记忆的前额叶皮层读取后，意识感受就产生了。

在这场关于情绪的激战中，我们可以保持中立，因为层级化大脑结构可以适应任意一方的观点。此处的重点在于，皮层下结构与大脑皮层都参与了完整意识体验的产生。从某种角度来看，积水性无脑畸形的儿童所拥有的情绪感受和大脑皮层完整的儿童毫无差别。因为他们外显行为的类似，我们不妨在他们身上套用一下“元自我觉察”（觉察到他们能觉察）式意识体验的概念。他们真的有自我觉察能力吗？没有大脑皮层来支持认知活动，他们就无法知道自己是否是自我觉察的。要想完全察觉自己是否拥有意识体验，我们至少需要大脑皮层与皮层下层级的同时参与。

皮层增强意识

既然皮层下回路才是意识的关键，皮层的重要性是否有被夸大的嫌疑？完全不是！此处强调的是我们不该忽视皮层下结构的重要性。搞明白皮层下加工对意识的贡献后，我们就能更好地去理解这种“关于感受的感受”为何如此顽固。显然，大脑皮层在提供意识的内容方面扮演着重要的角色，因为皮层损伤往往伴随着特定行为的改变。大脑皮层的具体职责是什么？它拓展了我们体验世界的方式，从而为意识体验和反应带来了无限的可能。

每个物种拥有的皮层类型不同，这也使得它们获得了独此一份的意识体验。人类意识内容的一部分是语言。只有人类能创造出这种巧妙的小符号，通过一定排列组合后，就能让其他人对某个抽象想法产生认知表征。我们不仅有学习语言的能力，还有为语言学习而准备的生物结构[30]。就像第 4 章所讨论的那样，我们有很多脑区专门负责与语言相关的方方面面，包括学习、理解和产生语言。临床案例告诉我们，某一个脑区的损伤会破坏我们理解词语的能力，导致我们说出的语句有着正确的语法，韵律和音调听上去也没有问题，连在一起却毫无意义。另一个脑区的损伤能让我们理解语句，却无法自行构建。再换一个脑区，你则会变得无法说名词，但仍可以识别并理解它们。每一种脑损伤都会产生不同的意识体验，但不会摧毁意识本身。

我们的意识体验包含语言，但如果语言不在了，我们依旧可以持有意识，尽管其内容将截然不同。让我们来看这样一个例子。法国曾经有一个野孩子，即阿韦龙的维克托，后来他的故事在 1970 年被导演弗朗索瓦 · 特吕弗（François Truffaut）拍成了电影《野孩子》（*L' Enfant Sauvage*）。维克托从小独自在丛林里生活，从来没有接触过人类语言，也没有学过说话。毫无疑问，他持有意识，也拥有意识体验，但假如他学过说话，意识内容将完全不同。当一个模块的功能未能顺利发展起来，其他模块就会取而代之，给你带来另一种体验。

意识到底是由皮层下结构来主导驱动[31]，还是由大脑皮层来负责调节[32]，学界仍旧对此争论不休。但是，对大脑功能来说，它具体呈现什么模样，可能并不是某一个模块层级能左右的。

The Consciousness Instinct

模块的运作相对独立，比起整齐有序的队列，模块间的关系更接近某种竞争，而竞争的结果就构成了我们意识体验的内容：某一时刻某个加工占据了你的意识高峰，其他一些加工则被挤了出去。

根据这一观点，皮层下模块和皮层模块都能产生某种形式的意识体验，而且并不一定需要“底层”或“高层”意识系统的干预。数量众多的意识模块让你的意识体验变得五花八门。为了更好地阐述这一观点，让我们试着用一根铁棍“消灭”意识。

历史上最神奇、最有名的脑损伤案例之一源自一场铁路施工现场爆炸事故，一根滚烫的金属棍击穿了建筑工人菲尼亚斯·盖奇（Phineas Gage）的头骨并损伤了他的前额叶。令人惊讶的是，即便在事故刚发生没多久的时候，盖奇都没有丧失意识！要我说，我宁愿硬吃下拳王阿里击晕桑尼·利斯顿（Sonny Liston）的那招快拳，也不愿体验被铁棍穿头，但事实证明，就消灭意识的效果来说，阿里的拳头似乎更有效（尽管效果只是暂时的）。索尼在被拳王击晕后还是苏醒了过来，但对盖奇来说，当场遭遇永久性脑损伤已是不可避免。他损失了半边前额叶，但认知能力与事故前相比没有多少变化。然而，他的处事风格发生了剧变，先前专业过硬、尊敬待人的盖奇变成了一个粗俗无礼的男人[33]。盖奇不再在意自己的所作所为，但他的意识并没有半点消减。他的意识体验类型可能发生了变化，因为过去那个对同事持有同理心的人格已经被暴躁好斗所取代。盖奇的情况如今被命名为“额叶症状群”，其中他丧失了左侧额叶的全部功能。当额叶出现损伤时，病人通常会出现情绪调节困难[34]。这种情绪控制的丧失或可解释为，在针对意识体验的影响力竞争中，由于负责控制的前额叶竞争力下降，皮层下模块变得更容易胜出。无论额叶症状群病人的情绪控制丧失是何机理，有一点是普遍成立的：病人仍旧持有意识。

大量脑损伤病例提供了类似的证据：脑区 X 的损伤或功能障碍会导致行为 Y 的改变，但意识几乎总能保持完好。模块化大脑使意识的存在变得无比顽固，因为通往意识的道路千千万万。也只有模块化结构能解释这些神经病学现象。

The Consciousness Instinct

模块的丢失会导致特定功能的丧失，但脑依旧能产生连续的意识流，仿佛无事发生。唯一发生改变的是意识流的内容。脑损伤病例不光证明了脑的模块化结构，也提示我们每个独立的模块都能产生独特形式的意识。

意识的普遍性

神经病病例告诉我们，无论发生在哪里，严重脑损伤都无法轻易消灭意识。可能会丢失部分意识体验的内容，但不会丢失意识本身。这表明意识不是由某个“超级中枢”皮层回路产生的：只要有皮层下加工的支持，大脑皮层的每一个部分都能产生意识；并且，皮层下结构本身也能生产有限类型的意识体验。因此，局部模块回路似乎才是意识体验内容的供应主力。

这些模块在很大程度上是独立的，但模块间的交流依旧能帮助调节意识的流向。这种交流的重要性体现在让每一个模块及时更新当前状态。就像新闻能将这个世界发生的大事件告知每一个公民，模块间的交流也能协调信息，保证所有模块步调一致。等一切生米煮成熟饭之后，我们才会意识到这种交流的存在。当半夜听到后门传来窸窸窣窣的声音，你的皮层下“战斗或逃跑”反应立刻激活，你提起电话报警，随后才反应过来，原来是浣熊在翻垃圾，而且还是个惯犯。

你应该感谢你的边缘系统，正是它让你快速应对可能的危险，幸运的是这回没有什么危险，只不过又是一片狼藉，等待你第二天早上去收拾罢了。

The Consciousness Instinct

认知与情绪，或者说大脑皮层与皮层下模块之间绵延不断的相互作用产生了我们所说的意识。

很显然，强烈的情绪和抽象的想法给我们带来的体验完全不同，但无论是哪一种形式的意识，都能让我们以不同的方式感受这个真实世界。形形色色的意识出入我们的觉察层级，构成了属于我们自己的人生故事。脑的模块化结构能为意识类型的庞大数量与意识在脑中的普遍存在提供最好的解释。如今我们面对的是这样一个难题：大脑层级化结构中存在成百上千个模块，每个层级都能产生某种形式的意识，那么，如此庞大数量的模块如何能产生唯一的、统合的、能够从一个瞬间无缝衔接至下一个瞬间的生命体验？在第 9 章我们将了解，这当中的核心概念是时间，是模块们你方唱罢我登场，永无停歇。

在讲述其中原理之前，我们还得先解决一个更明显的问题。

无论用什么模型来解释大脑将神经发放转变为心理活动的过程，我们都必须理解这两个现象之间的鸿沟，前者是客观的（神经层面的）而后者是主观的（心理层面的），以及弥补这一鸿沟的做法是否可行。不管你认为是局部模块产生了所谓的意识状态，还是某个中枢脑回路主导了一切，你都必须处理这道鸿沟。有些人觉得这是一个不可能完成的任务。

为了解决这个根本问题，我们将回顾数学家和物理学家在过去的 150 年间都在想些什么。毕竟，这群人提出了可能是人类历史上最伟大的理论：相对论和量子论。他们的思想探索了人类认知能力的极限，他们也擅长挑战未知现象。他们的思想果实往往被生物学家、心理学家和神经科学家忽略，并被认为与意识问题无关。我认为他们能帮上忙，因为正是不受我们重视的数学和物理学孕育了互补的概念，即一个现象可能有两种解释、包含两种真相。

这个概念能否帮助我们跨越心理与脑之间的鸿沟？能否帮助我们理解盘

踞在物理世界的真相（也就是我们的物质大脑，由化学物质组成，且遵循物理法则）和看似非物质的主观体验真相之间的“解释空缺”？我认为答案是肯定的，在深入讨论之前，先让我们熟悉熟悉问题的关键——物理学。

第三部分
意识登场

The Consciousness Instinct

第7章
互补的概念：来自物理学的礼物

那些最开始遇到量子力学时没感到震惊的人根本不可能理解它。

尼尔斯·玻尔
著名物理学家

1868年，物理学家、登山家、教育家、皇家学会教授约翰·廷德尔（John Tyndall）在英国科学促进协会的数学与物理部门发表演讲。其间，他描述了如下的困境：

> 脑的物理结构和对应的意识活动之间的关联超出了人类的想象。因为在脑中，明确的思想和明确的分子活动是同时发生的；我们不具备这种智力器官，甚至也没有任何此类器官的雏形，能让我们通过推理找到二者的联系……“这些物理过程如何与意识现象联系？”这两

> 种现象之间的鸿沟就人类目前的智力水平来说还是无法逾越的[1]。

150年后的今天，我们依旧离理想的目标相去甚远。我们在某种程度上理解了放电、分子的聚集和运动，甚至还包括某些脑活动，尤其是在视觉领域。但是，和廷德尔不同，我相信我们具备能够胜任这个任务的器官。我们需要的是正确的思路，以解决心智如何由脑产生的难题。那么，我们该如何来思考我们的生物构造与心智之间的鸿沟？

按照通常的观点，分歧或者说鸿沟是一个需要解决的问题。直至30年前，哲学家约瑟夫·莱文（Joseph Levine）正式将之命名为“解释空缺”，其后在著作《紫色薄雾》（*Purple Haze*）中进行了描述：

> 我认为，我们完全不知道物理实体如何产生有体验的个体，而且这个个体不仅拥有多种特征的体验状态，还能享受这些状态。当我看着我的红色磁盘盒，我就在经历一个具有红色特征的视觉体验。有特定组成的光线在磁盘盒表面反射，又以特定方式刺激我的视网膜，视网膜刺激引发电脉冲随视神经传播，最终在视觉皮层中引起不同的神经活动。这整个过程中，有哪一个能解释我的红色体验？我们似乎无法看出物理解释与心理解释之间的关联，因此也无法用前者的术语来解释后者[2]。

莱文向我们指出，物理层面的神经元交互与模糊的意识体验层面间存在一道没有桥梁的鸿沟。比如，当我们感到疼痛，我们可以说这是因为神经系统中的 C 类纤维正在发放，也能解释为什么缩手和痛感之间存在延迟，但关于因果关系的解释无法帮助我们理解疼痛这种主观体验本身。

目前，心身难题建立在两个看似无法调和的提议上：（1）存在某种形式的唯物主义或物理主义；（2）物理主义无法解释表象意识、原始感觉或感受质。选择（1）你就是一个唯物主义者；选择（2）你就是一个二元论者。但莱文把所谓小心谨慎抛在一边，并决定两个都要。他既是一个唯物主义者，也认为我们永远无法从物理事实中推断出表象事实。鱼和熊掌真的可以兼得吗？大多数哲学家和神经科学家会说不能，那么莱文是如何做到的？

莱文抛弃了那些看似与物理事件不同的心理事件（通常预示着实质性的体验）。例如，疼痛感延迟是一个可以被物理原理解释的现象，但这并不是莱文感兴趣的问题。他同意这是神经元发放引起的现象体验，意识也一定是一个物理现象，但是，他还提出："意识体验有两个相互关联的特性，使其无法被物理原理简单解释：主观性和实质性。"如果我们无法用"神经元发放 = 疼痛体验"这条解释来逾越鸿沟，那么根据莱文的观点："一定是因为等号两边的名词本身指代的是完全不同的东西。"[3] 这听起来很意外，像是莱文选择了某种形式的二元论。

但是，几年后莱文明确表示他不相信神经元和主观体验之间存在某种虚无的鸿沟。他认为这只不过是我们对如何逾越鸿沟毫无概念。没错，仔细一想，科学的历史遍布鸿沟，但在本质上通常是知识空缺。莱文认为，心智与脑之间的鸿沟也是如此。用时髦的哲学术语来说，他认为这是一个认知论与形而上学的问题。他将二者之间的鸿沟看作当前知识体系的一种空缺，后者导致一些问题无法被解释。经过这么一解释，他的观点就可以说是完全正确了。

澳大利亚哲学家戴维·查默斯（David Chalmers）提出了一个更有力的观点，他也同意存在某种"解释空缺"。他坚定不移地相信提议（2）：物理主义无法解释表象意识、原始感觉或感受质。这使他成为一个二元论者，不过查默斯或许会强调自己应当是自然主义二元论者。他同意心理状态由脑的物理系统产生（自然主义观点），但他也相信心理状态与物理系统存在本质差异，前者无法被简化为后者[4]。这对一名现代哲学家来说是一个伟大的提议，但对其他人来说并非如此。如今地球上的绝大多数人都是二元论者！

但是，在 1879 年，廷德尔对自己于 1874 年就任英国科学促进协会主席时发表的演讲略做修改后，如是写道："如果像我这样坚信自然的连续性，就无法在显微镜功能失效时刹住脚。此刻，心灵强力地补足了目力的缺陷。在脑的迫使下，我跨出了实验证据的边界，并从那个'东西'中……寻找所有陆地生命的潜力与效力。"[5]威廉·詹姆斯也持有相同的观点，他提出：

> 在诸多科学领域，对连续性的渴求有力地印证了我们的行为。正因如此，我们才会全力以赴地尝试所有可能来理解意识的出现，使之不至于被引入一个具有全新属性、在此之前不曾存在的世界[6]。

他还认为：

> 作为进化论者，我们必定会坚信一个观点，认为新生命形式的出现都不过是原有固定材料的重组结果。原子混沌散布形成星云，还是同样的原子聚集成团、以一种不寻常的方式临时固定在一起，就形成了我们的脑；即便我们能将脑的“进化”研究清楚，它也不过描述了这些原子何以固定聚集的过程。在这个故事中，没有任何新的属性或因子是在初始时不存在而是于后期被引入的[7]。

似乎在过去的几十年间，我们中大多数人都忘记了人类意识其实是由前体缓慢进化而来的；它不是突然以完全形态出现在第一个某某人脑中。詹姆斯继续评述道：“如果进化过程是平滑的，那么最原始的生命中必然已经存在某种形态的意识。”[8] 没错，就是那么原始。

The Consciousness Instinct

如果我们想理解心智与脑之间的鸿沟，就必须深入挖掘另外一些大问题，例如生命如何由无生命的物质诞生。

本章的内容将告诉我们，为了搞明白有生命的物质与无生命的物质到底有何差别，我们就必须理解所有可进化实体所固有的二元性：即所有生命都可被分为两种状态。你将看到，物理学和生物符号学会告诉我们如何在不假借他手的情况下填补生命系统与无生命系统之间的固有鸿沟。这些学科的理念能告诉我们思考此类鸿沟问题的大体方法，以及具体到心脑问题上的研究思路，并为神经科学家指出一条破解层级结构中心脑鸿沟问题的途径，顺带提供描述层级界面的工作协议。首先，我们来看物理学。

物理学的起点与决定论

故事的起点是艾萨克·牛顿，以及发生在17世纪的经典物理学的华丽诞生。这就是我们中大多数人在学校里费劲学习的物理学。事实证明，那个关于苹果的故事竟然是真的。牛顿本人将其讲述给他的传记作者威廉·斯图克利（William Stukeley），说是大约在1666年的某一天，他坐在一棵苹果树下，开始思考：

> 为什么苹果总是垂直落地……为什么它不会斜着掉，或是向上跑？而是永远指向地心？毫无疑问，原因是地球在吸引它。物质中一定存在一种吸引力。并且，地球物质吸引力的总和一定在地球的中心，而不是地球的某一边。因此，苹果总是垂直落地，或者说落向中心。如果物质能像这样吸引物质，那么就一定与其大小成比例。因此，苹果吸引着地球，地球也吸引着苹果[9]。

牛顿的外甥女婿约翰·康杜特（John Conduitt）讲述了牛顿随后如何想到这种吸引力可能不光存在于地球表面："他对自己说，为什么不可能延伸至月球呢？如果是这样的话，那么它必然会影响月球的运动，或许还是保持其在轨道内运动的原因，于是，他开始计算这一假设所产生的影响。"[10]没错，他的确进行了计算。牛顿将伽利略的斜面运动实验结果转化为代数公式，这就是我们所说的运动定律。伽利略证明，物体会保持固定的速度和运动轨迹，除非被施加外力；物体对运动改变具有天然的抵抗，即惯性；最后，摩擦力是一种力。最后这一条发现出现在牛顿第三定律里：所有的作用力都对应一个等大、反向的反作用力。牛顿对苹果落地的思考和计算让他发现了普世存在的万有引力定律，并发现被他写成公式的斜面运动原理同样能解释约翰尼斯·开普勒观察到的行星运动。这真是充实的一天！

接下来，牛顿真正揭示了世界的真相。他给出了一系列固定的、已知的数学关系，用以解释宇宙中所有物质的运作原理，从意大利室外地滚球到行星。这些法则是普适的，不可阻挡的。它们独立于观察者牛顿、开普勒和其他所有人存在。宇宙和其中所有的系统都在按照这些关于空间、时间、质量和能量的法则轰鸣运转，有没有观察者都一样。当林中有树倒下时，即便没有人在场，它也会发出声波。有没有人听到声音是另一回事，我们将很快看到，这其中的差异恰恰体现了生命起源问题的症结所在。

牛顿不仅在科学界掀起了波澜。当时有观点认为，如果牛顿的法则是普适的，那么，从理论上来讲，如果初始条件已知，那么物理宇宙中的每一个事件都是可以被预测的。这就意味着，万物都是注定的，包括你的行为，因为你也是这个宇宙中的一个物理实体。将初始条件代入公式，就能得出未来会发生什么，甚至包括你下周二下班以后要做什么。但这种想法忽视了一个关键要点。我们将看到，为初始条件定值的做法其实是由实验者做出的主观选择，而主观选择是一头披着羊皮的狼。事情没有那么简单。

牛顿法则似乎削弱了自由意志的力量，以及个体对自身行为所负的责任。决定论很快控制了物理学家们的想象力，随即，其他人也受到了影响。但是，尽管牛顿的世界观需要一定时间来适应，他的法则似乎能很好地解释人们在物理世界中观察到的大部分现象，并在接下来的两百年间一直处于不可动摇的地位。很快，牛顿物理学遇到了一个新的挑战，这个挑战与一个新发明有关：蒸汽机。1698 年，第一台商品化的蒸汽机由军方工程师托马斯·萨弗里（Thomas Savery）申请专利，被用于给淹水的矿井排水。尽管工程师不断改进机器的设计，他们依旧无法解决一个问题：和烧掉的木头相比，蒸汽机所做的功实在是太少了。

早期的引擎效能很低，因为太多能量被浪费或丢失了。在牛顿预见的完全决定论世界里，这根本说不通，因此理论物理学家不得不出手解决这个能量消失之谜。很快，一个新的研究领域诞生了，这就是热力学，随之而来的是关于世界性质的理论改变。热力学探讨的是热量、温度与能量、做功之间的关系。当这些问题被解决后，物理学面貌一新，牛顿眼中的决定论世界看上去也发生了改变。

量子力学与因果关系的统计学观点

没过多久，蒸汽机难题催生了热力学的两大定律。第一定律称：一个独立系统的内部能量是恒定的。从本质上来说，这相当于能量守恒定律的另一种表达方式，后者认为能量可以从一种形式转化为另一种形式，但不能被创造或消灭。这与牛顿的决定论世界完全相符，但也是一个限制性很强的声明，因为它只对独立且可控的系统为真。

热力学第二定律使事情变得更有趣也更棘手，它引入了一种叫作“熵”的东西。第二定律指出，热量无法自发地从一个冷的地方流向一个热的地方。我还记得自己奋力理解这个概念的时刻。那是一个寒冷的冬日，在达特茅斯，我邀请一位物理学家来我的办公室开会。他刚刚步行横穿校园的中央绿地，户外的寒冷几乎冻住了他的外套。我开心地说，每当有人走进我的办公室，他们的衣物总会裹挟一股冷空气，让我感到一丝凉意。他看着我说："你犯了个物理学错误。寒冷无法被传递给你，是你身体中的热传给了我，因为热量离开了你的身体，所以你感觉变冷了。"他让我意识到，热力学第二定律在帮助我们理解日常生活现象方面非常有用，这也顺便提醒我，我们的团队还需要聘请一位理论物理学家。

"熵"的概念最早由 19 世纪的德国物理学家鲁道夫·克劳修斯（Rudolf Clausius）提出，用于描述"被浪费的热能"。它是一种衡量无法做功的热能的方法。物理学家身上冰冷的外套增加了我的熵，使得能用来维持我体温的能量变少了[11]。热力学第二定律使得事情开始混乱。简而言之，对外套和蒸汽机来说，热量的交换都是不可逆的。起初，这对那些受牛顿思想影响、信仰决定论世界观的物理学家来说，是一个令人震惊的消息。突然之间，时间变得不再可逆：时间之箭只能向一个方向前进。这让热力学站在了牛顿的普适法则的对立面，后者认为万物在原则上都是可逆的。这个震撼学界的思想逐渐发展为另外一种理论，我们将在后面的内容中看到，该理论甚至与层级化结构和心脑鸿沟难题有关。

奇怪的是，在 19 世纪中叶，原子理论即物质由原子构成的理论已经被化学家广泛接受且发扬光大，却未能在物理学界成为共识。有一个物理学家开始对这个理论产生疑惑，他就是奥地利人路德维希·玻尔兹曼（Ludwig Boltzmann）。他最出名的成就是提出了动力理论，用于描述气体中的大量原子和分子如何一刻不停地运动，在彼此之间和容器表面撞击、反弹，产生出随机的混乱运动。他将伽桑狄于 17 世纪提出的想法转化为一套艰深的科学，这就是如今我们所说的统计力学。如果将分子的种类和位置纳入考虑范畴，动力理论能够解释气体可被观察的宏观属性：压力，体积，黏度，以及热导率。

总体而言，玻尔兹曼的伟大洞见推进了我们对系统混乱度（熵）的定义，即分子运动的整体结果。他认为，既然分子时刻在四处反弹，热力学第二定律就不是一个死气沉沉的绝对性结论，仅在统计学意义上成立。也就是说，到底哪一个特定粒子会被转移是不确定的。当那件冰冷的外套出现在我附近，我的系统整体变得更混乱了。正如迈克尔·柯里昂（Michael Corleone）所说："这不是私人恩怨，这纯粹是生意。"

在那些将宇宙看作遵循牛顿法则的绝对性系统的物理学家中间，玻尔兹曼的理论掀起了轩然大波。他们坚信，这个世界并非仅凭预测就能获知结果的统计学宇宙。因此，玻尔兹曼的理论遭受了反复攻击。令人悲伤的是，他因此深感沮丧和抑郁，最终于 1906 年在的里雅斯特与家人度假期间自杀了，不久以后，他的理论就获得了证明，他毫无疑问是正确的。

直至今日，物理学家还在被统计学法则困扰着。一方面，牛顿的法则是相对时间对称的，因此是可逆的。很显然，在牛顿定义的决定论宇宙中，事情总能递向发展。但统计学法则并非如此。一件事的发生如果存在一定概率，而非必然，那么它怎么可能是可逆的呢？结论是不能。如此看来，这两种描述真实世界的方法是矛盾的。要想应对这种二元论局面，我们需要新的思路。物理学家接受原子理论的过程很慢，但一旦接受以后，他们就开始在这条道路上飞奔，开足马力思考这个全新的世界。最开始，在 1897 年，英国物理学家约瑟夫·约翰·汤姆逊（Joseph John Thomson）发现并确认了第一个亚原子粒子：电子。汤姆逊既是一位伟大的物理学家，也是一位伟大的教师。他因为学术成就受封爵士并获得了诺贝尔奖，不仅如此，他的 8 位研究助理和他的儿子也获得了诺贝尔奖。这个团队中的一员尼尔斯·玻尔最后提出了互补的概念。但这都是后话了。在接纳这个新世界之前，我们还需要更多证据。

德国理论物理学家马克斯·普朗克（Max Planck）对熵的概念和热力学第二定律着了迷。起初他相信的是该理论的绝对正确性，而不是玻尔兹曼提出的那个稀里糊涂的统计学版本。尽管身为牛顿力学的捍卫者，普朗克还是意识到了熵产生的问题，从此深陷其中，坚信熵增才是这个不可逆的残酷现实。普朗克接受了不可逆的观点，但他期望能用经典法则对熵增法则进行严格的推演，从而证明后者的不可逆性。和大多数物理学家一样，他渴望用一个统一的物理学描述来解释一切。然而已有的理论都铩羽而归。

1894 年，一个机会出现了，当时他正在执行一个特殊的任务——优化灯泡，让灯泡发光最大化的同时耗能最小。为此，他不得不着手解决一个如今被称为"黑体辐射"的难题。要想理解黑体辐射，不妨去野外生一个篝火。如果你把烤肉用的金属扦子伸进火里，很快就会发现尖端被烧红了。如果温度继续上升，颜色将从红色变成黄色、白色，最后变成蓝色。随着烤肉扦子内部升温，其表面开始向外以光的形式散发电磁辐射，也叫作热辐射。内部温度越高（能量越高），发出的光波长越短（频率越高），从而表现出颜色的改变。物理学家很快假设了一个理想物体，一个"完美"的辐射体和吸收体，它在冷却的时候呈现黑色，因为所有打在其表面的光都会被完全吸收。

这个完美物体被称作黑体，它发出的电磁辐射叫作黑体辐射。没有人能够用经典物理法则来准确预测黑体的辐射量及频率。牛顿法则在低频光（红光）辐射的情况下运行完美，一旦频率上升，预测结果就会完全跑偏。在数次经典物理学层面的尝试和失败之后，普朗克懊恼地转向熵的统计学概念。他引入了一个“能量子”的概念，并将能量看作“离散的量、由整数个有限等大的部分组成”[12]，他还得出了一个公式，能够很好地预测黑体辐射。

当时，无论是普朗克本人还是其他人都没有意识到，他的辐射法则为一个全新的概念奠定了基础，正是这个概念彻底改变了我们看待世界的方式。这是我们对量子世界的惊鸿一瞥。普朗克的发现还表明，可能不存在统一的基础法则或宇宙模型。有些人或许会说，这是往牛顿决定论世界观的棺木上敲的第一颗钉子。

有趣的是，普朗克自己也被辐射理论的准确性给逗乐了，还说这种特定的能量子“是单纯的假设，其实我还没想好”[13]。普朗克没有完全理解自己用数学技巧意外发现的新概念，即微观物体与宏观物体性质不同。哇！普朗克无意间抽出了一块关键的砖头，使得他钟爱的大一统理论大厦顷刻坍塌。

The Consciousness Instinct

量子世界的发现不光改变了人类对宇宙的理解，还让我们认识到真相存在两个不同的层级，每个层级都有自己的语言和规则。和任何复杂系统一样，每个层级有自己的工作协议：在原子层级，事物按照统计学规律运作，宏观物体则遵循牛顿的法则。

由于缺乏层级化结构概念，认知论学派简直要发疯。这群研究“我们如何认识世界”的学者乱成一团。大一统理论失效了。物质的运作原理似乎有两种解释——这就是互补原理。

物理学家在无意中接触了这一全新理念，此时他们刚发现光既具有粒子的特性也具有波的特性。这就是物质的互补，是一种二元论。他们与这种观点抗争了数十年，但最后还是接受了它。最近，研究者捕捉到了一个令人难以置信的画面：在同一时间，一部分光子展现出了波动特性，而另一部分光子展现出了粒子特性[14]。尽管如今互补原理已经被物理学广泛接纳，但还没有多少人相信它会是解决心脑解释空缺的关键。我认为互补原理应当是一个重要的概念，所以首先想了解一下物理学如何接纳这个看似古怪的理论。理解它被物理学接纳的过程后，互补原理在生物学以及心脑鸿沟问题上的重要性也将不证自明。

互补原理的诞生

1901 年，22 岁的阿尔伯特·爱因斯坦获得了物理学和数学教师资格证，他加入了瑞士国籍，开始了艰难的求职之路。没有任何一家教育机构愿意聘用他。他最后在伯尔尼专利局谋得一职，成了一位“三级技术专家”，同时兼职做家教。在这段人生低谷里，他和几位好友组建了一个名叫奥林匹亚科学院的研讨小组，经常聚在一起进行思想碰撞。

1905 年是爱因斯坦的奇迹之年，他在这一年提出了 4 个伟大理论，将物理学推进了一个完全不同的宇宙。他创立了光的量子理论，明确了光线中的能量是一份一份的（后来被称为光子），且能量只能以微小的、离散的量进行交换。这里的“小份能量”不再是那个把普朗克逗笑的、能让公式变漂亮的数学技巧。在那之前，人们一直在争论光到底是一种波还是一团小粒子。将光视为一种波能解释许多现象，诸如光的反射和折射、衍射以及偏振。但是，波动理论无法解释光电效应：当光打在金属平面上时，金属表面可能会弹射出电子（在这个例子中也被叫作光电子）。

起初，物理学家并没有把这当回事。根据光的波动理论，他们推测光越强（光波幅值越大），金属表面弹射出的电子能量也越大。但是，事实与此恰好相反。逸出的电子能量与光强无关：当光波频率固定时，无论光是亮是暗，金属表面弹出的电子能量都一样。一个意外的发现是，真正能增加表面弹出电子能量的方法是提高光波的频率。然而，如果光是一种波，这个结果就说不通。这就好比说当海中巨浪或小水波击中一个沙滩球时，球弹起时的能量竟然是完全相同的。爱因斯坦意识到，只有将光视为粒子，并认为光粒子与金属中的粒子发生了互动，才能够解释这些现象。在他的模型里，光由独立的量子（后来被称为光子）组成，量子与金属的电子发生了互动。每个光子携带一份能量。增加光的强度相当于增加单位时间内光子的数量，但每个光子携带的能量保持不变。几个月后，爱因斯坦为硕果累累的这一年又增添了一份新的成就，他发现光也可以是一种波。光的确存在于两种现实中。

爱因斯坦一路势如破竹。他找到实验证据证明原子的存在，结束了关于原子存在与否的争论，并为统计物理学的应用点了个赞。为一切锦上添花的是，他还创立了相对论，并提出了著名的 $E = mc^2$ 公式。物理学界花费了好一阵子才理解了这些新思想，短时间内爱因斯坦也没有获得太多关注。这些工作的直接影响不过是为他赢来了一次升职，现在他是“二级技术专家”了。

一旦物理学家们搞清楚原子理论并追上化学家的进度，他们很快就发现，与其说包括亚原子粒子、原子和分子在内的这些构建万物的微观粒子不遵循牛顿的法则，不如说它们公然蔑视这些法则。一个有力的证据是，围绕原子核旋转的电子在失去能量后，并不会像牛顿定律所预测的那样一头扎进原子核，而是继续旋转。怎么会这样？

1925 年至 1926 年，一群物理学家进一步发展了量子理论，其中包括哥廷根大学的沃纳·海森堡（Werner Heisenberg）。他频繁造访尼尔斯·玻尔在哥本哈根的研究所，旨在研究三个难题：黑体辐射现象、光电子效应以及旋转电子的稳定性。不管乐不乐意（很多人不乐意，其中就包括普朗克和爱因斯坦），物理学家们纷纷脱离了牛顿的决定论世界，这是一个物理“层级”，我们生活于其中，它能被我们看见也能被我们触摸，是一个能被大一统理论解释的世界。他们转向了一个底层层级，一个不可见、反直觉、遵循统计学规律、不确定的量子力学世界。他们从一个非黑即白的世界来到了一个充斥着灰色答案的世界：一个同时拥有另外一个工作协议的层级。

举个例子，思考一下光反射现象。当光子击中波粒，4%的粒子会被反射，余下的则被吸收。是什么决定了哪些粒子被反射？历经多年研究，用尽各种方法，答案似乎是：随机。特定光子是被反射还是吸收，这是随机的。理查德·费曼曾提问道：“我们是否会沦入这样一种恐怖的境地，即物理学不再是美妙的语言，而是沦为概率？是的，我们已经沦陷了，这就是如今的境况……尽管哲学家曾说过：‘科学的必要条件是设定完全相同的二次实验会产生完全相同的结果。’并非如此。你做 25 次实验，结果有时向上，有时向下……无法预测，完全随机……这就是现实。”[15] 世界是不确定的。当时的物理学家对此深恶痛绝。即便是爱因斯坦，这个打开通往不确定世界的大门的人，也想狠狠把门摔上。他对这一理论给决定论世界与因果关系可能带来的影响充满疑虑，并说出了那句名言："上帝不对宇宙掷骰子。"但是，如果想成为优秀的科学家，物理学家就必须抛弃先入为主的思想，接纳实验发现的事实。

在思考古怪的量子世界时，不要忘记我们已经习惯了遵循牛顿物理法则的宏观世界。常识，也就是我们普通人所掌握的关于宏观世界的物理知识，不能帮我们理解量子世界。它和我们体验过的世界完全不同。放下你的直觉，直觉在这里没有用，甚至还会成为负担。费曼曾经准备了一堂轻松的物理课，他用下面这样一则免责声明来传授量子原理：

> 你之前见过的东西给你带来的体验是不充分的，是不完整的。在微小的尺度上，事物的表现完全不同。它们不只像粒子。它们不只像波……（电子）和你之前见过的任何一种东西都不同。有一种简化的方法，从这个角度来看，电子的运作原理和光子完全一样，即它们都很古怪，但古怪的方式完全相同。理解它们需要强大的想象力，因为我们将描述一种和你已知任何事物都不一样的东西……它与你的经验不符，从这个角度来看，它是很抽象的[16]。

他接着提到，如果你想学习物理规律的特征，就必须谈论这一点，"因为这是自然界所有粒子共有的特征"。

我们是看不见微观的量子世界的。这意味着，要想研究它，我们就必须使用某种测量手段。这就涉及宏观世界中的一些仪器，它们也由原子构成，这些原子会与我们想观察的粒子发生作用，扰乱它们的正常活动。这种扰动会让系统发生变化，变得与观测前不同。简而言之，似乎出现了一个不可避免的测量问题。窥探量子世界很难，我们需要新的思路。

现在揭开答案：结果证明，就如爱因斯坦发现的那样，光既是一种波也是一种粒子。几年后，科学家发现物质也一样：电子也同时拥有光和粒子的属性。物理学家很快接受了这种观点，即我们在宏观世界认为是连续的东西（而不是几十亿个独立原子），比如餐桌，不过是一种被模拟出来的平均过程，应用数学家、物理学家和博学大师约翰·冯·诺伊曼后来将之称为“一个本质上是不连续的世界”。他还说：“这种虚拟过程即人通常感知到的是数以十亿计的、同时发生的基础过程之总和，根据大数定律，单个过程的真实属性就被完全隐去了。”[17] 所谓“大数定律”，指的是这些粒子的运动会彼此抵消，因此桌子能待在一个地方不动，而不是在地板上跳肚皮舞。但是，我们所看到的固体桌子其实是一个幻觉，一个符号表征，它是由我们的大脑创造出来的，用于指代真实存在的物体。这个幻觉非常逼真，也能给出足够多的信息，使得我们能够高效地在这个世界上生活。

因“盒子里的猫”出名的奥地利物理学家埃尔温·薛定谔同样迫切希望修复这个符合因果关系的决定论世界。他提出了后来被称为“薛定谔方程”的公式，一个用于描述量子力学波动方式及其随时间变化的“法则”。这条“法则”是可逆的、符合决定论的，却无法描述系统的整体状态。它没有将电子的粒子属性纳入考虑，薛定谔特意回避了这一点。这条法则无法确定一个电子在特定时间所处的轨道位置。它只能对电子特定时间所处位置即所谓量子态给出一个基于概率论的预测。

为了确定电子的位置，就必须进行某种测量，对顽固的决定论者来说，这就是麻烦的开始。一旦做出测量，电子的量子态就会发生坍缩，这意味着各种可能的状态坍缩为一个，也就是所谓的“叠加态”。当然，观测行为是不可逆的，引发的坍缩效应对系统造成了限制。在接下来的几年里，物理学家发现，无论是经典概念中的“粒子”还是“波”都无法完整描述量子尺度下物体在给定时间点的状态。正如费曼的打趣：“它们的表现不像波也不光，它们像量子力学。”[18]

于是轮到丹麦的电子专家、诺贝尔奖获得者尼尔斯·玻尔出手相助了。他花了几周时间独自一人在挪威滑雪，同时思考关于电子和光子的两种形态问题，等到回家时，他已经构思好了互补原理的框架，其中波粒二象性被用作一个典型例子。该原理认为，量子物体具有互补属性，因此对它们的观测和理解无法发生在同一时间。正如吉姆·巴戈特（Jim Baggott）在《量子故事》（*The Quantum Story*）中所写：

> 玻尔意识到位置-动量和能量-时间的不确定性关系其实体现了经典波动和粒子概念的互补关系。所有被实验观察的量子系统都同时拥有波的行为和粒子的行为，在对实验方法的选择上，无论选择从波的角度还是粒子的角度观察，都不可避免地会造成测量对象的不确定性。这不是海森堡所说的因为测量方法“太粗糙”而导致的不确定性，而是我们对手段的选择迫使量子系统只向我们展现出一种

> 形态，而不是另外一种。[19]

这里又一次提到，在特定时间点上，你可以测量电子的位置或者动量，但二者无法同时发生——就像电子的波属性和粒子属性。当你瞬时测量它在某个时间点的位置，电子是待在一个位置不动的，因此，它的另外一个属性——动量消失了。在这个时间点上，我们不可能测量它的动量。你可以推测其概率，但无法给出确定数值。当我们试图测量成对属性中的某一个时，系统就会产生互补性。一个系统同时拥有两种描述模式，且二者不可相互替换。

玻尔花费了 6 个月的时间来完善这一理论，并在 1927 年的科莫会议上首次对其进行了介绍，大会是为了纪念亚历山德罗·伏特（Alessandro Volta）的百年忌辰而召开的，听众全是当时杰出的物理学家。爱因斯坦没有参会，直到一个月以后玻尔在布鲁塞尔第二次作报告时，爱因斯坦才得知他的理论。爱因斯坦不喜欢双重描述和不确定性的概念。他和玻尔开始了长达数年的交锋。爱因斯坦会想出一个例子试图击溃量子理论，玻尔则给出与量子理论相符的论证来解决他的问题。从那时起，为了支持爱因斯坦，物理学家们提出了很多设想，做了很多实验[20]——结果都失败了。尽管在决定论派那边不受待见，玻尔的互补原理一直立于不败之地。

他们争论的根本在于客观性的定义与物理学的本质。罗伯特·罗森解释了个中症结：

> 物理学的底线是保持“客观性”。这就假定在客观事物

> 和非客观事物之间存在清晰的界限，而前者在物理学的管辖范围之内。关于辖区之外事物的观点是分裂的。有些人认为，不管外面有什么，它们之所以在外面是因为现有理论技术不完善，因此这个问题是可解决的、暂时的，也就是说，物理辖区之外的事物能被“简化”为辖区内已有的事物。另外一些人则认为，二者界限是绝对存在的，不可逾越[21]。

玻尔属于后一种人，他提出，光到底看上去像粒子还是像波，不取决于光的自身属性，而取决于我们的测量和观察方法。光和测量一起都是系统的一部分。对玻尔来说，经典物理学世界太狭隘，无法描述物质的全貌。对他来说，宇宙和其中的物质太过复杂，仅有单一层级以及其间由经典物理学法则组成的单一工作协议是不够的。罗森提到，玻尔改变了“客观性”概念本身，从原本的只适用于物质系统变为适用于物质系统与其观察者的组合。爱因斯坦无法接纳这个观点，把宝押在了经典物理学上，而经典物理学忽略了测量过程，将测量的结果视为光的固有属性。对爱因斯坦来说，物体的客观性意味着其独立于测量和观察方法。罗森如此总结道：“爱因斯坦相信存在某种真相，其为物质所固有，而与引发这种真相的手段无关。玻尔认为这种观点是‘经典的’，与量子世界观不相容，后者需要指定条件，而且条件总包含一些不可分解的信息。”[22]

玻尔的互补原理可不仅仅是一场对手是爱因斯坦的趣味科学辩论赛。我们将看到，它其实是理解心脑问题的基础。

第8章 从无机到生命，从神经元到心智

无名，天地之始；有名，万物之母。

老子
中国古代思想家

在寻求对物质更精准的理解的道路上，物理学家遭遇了互补原理，即所有物质都能同时以两种状态存在。接受这种二元论概念不仅能拓宽物理学边界，它还要求我们发展新思想来理解自然世界，超越我们从过往对自然现象的亲身体验中获取的想象力。如今，研究心脑二元论的学者也需要拓宽自己的思维和想象力。我们需要有人能跳出前人在过去2500年间制定出来的、塞满了人类知觉与传统智慧的陈旧框架。我们需要有人能跟上现代物理学的兴衰浪潮，正是后者发觉了互补的重要性。我们需要有人能认识到，过去几千年的努力其实已经被哲学家浪费在了错误的方向，企图在高度进化的人类大脑中寻找答案。我们需要像霍华德·帕蒂（Howard Pattee）这样的人，他是一位毕业于斯坦

福大学的物理学者，后来在纽约州立大学宾汉姆顿分校开启了一段硕果累累的学术生涯，并且投入了理论生物学的怀抱。帕蒂热衷于观察人类思想，他觉得哲学家解决心脑分离问题的切入点似乎选在了进化论错误的一端[1]。通过毕生的研究，帕蒂得出了一个惊人的结论：二元论是所有具有进化能力的实体所必需且固有的属性。

帕蒂并不在意物质脑与非物质心智之间的鸿沟。他挖掘得更深。问题的根源即最原始的鸿沟早在大脑出现之前就已存在。无生命物质与有生命物质之间的鸿沟是一切鸿沟之母。这一基本问题从生命诞生于地球之时就已出现。

The Consciousness Instinct

我们不应当只着眼于物理的脑与灵性的心智之间的鸿沟。我们必须理解，构成无生命物体的物质聚合体与构成有生命物体的物质聚合体之间到底有何区别。生命与无生命之间的鸿沟是心脑鸿沟的根源，为解决心脑问题提供了框架。

我们需要一点时间来适应帕蒂的观点，它为我们带来了一条重要的警示：我们若想理解意识这一完全由生物系统进化而来的概念，就必须首先理解生物系统为何有生命、为何能进化。到底是什么将事物划分为两个领域，一个有生命，另一个没有？我们中大多数人都思考过“生命从物质中来”这个问题，但几秒钟后就会发现这实在是太难了，于是很快把它抛在脑后，开始处理眼前的事务。帕蒂不是大多数人。他在还是一个青少年时就迷上了生命起源问题，那是在20世纪30年代，他在寄宿学校初次涉足科学领域。他的校长兼科学老师保罗·卢瑟·卡尔·格罗斯博士（Paul Luther Karl Gross）给他一本书让他在暑期阅读。这可不是普通的暑期消遣。那本书是伟大的数学家、统计学家卡尔·皮尔逊（Karl Pearson）所著的《科学规范》（*The Grammer of Science*）（于 1892 年首次出版）。

帕蒂当时很困惑，为什么校长要给他一本看上去过时的科学读物，它问世时甚至还没有量子理论。但是，在“生物学与物理学的关系”一章里，帕蒂发现了一个促使他思考数十年的问题：“如果生命与无生命物质从概念上都能用无机元素的运动来描述，我们是否有可能将二者区别开来？”[2] 帕蒂看到了这一问题的逻辑，但他也明白用同样的法则来解释有生命和无生命物质的做法并不够好。事实上，这根本不构成解释。这个故事还有更多层面。

量子力学使人头疼

能拥有一位如此杰出的校长，帕蒂真的十分幸运。为了激发学生们的思想，格罗斯博士经常带他们参加最前沿的科学活动，其中包括诺贝尔奖获得者莱纳斯·卡尔·鲍林（Linus Carl Pauling）在加州理工学院的夜间讲座。整整一晚，帕蒂聆听鲍林介绍著名的“薛定谔的猫”的悖论，即在同一时间猫可以是活的也可以是死的。具体来说是这样：一只猫被关在金属密室，里面同时还有一小块放射性物质和一个用来测量放射水平的盖革计数器。根据这块物质的放射衰减率，在 1 个小时之内，有 50% 的可能不会有任何一个原子发生衰减。当然，还有 50% 的可能会发生原子衰减，如果衰减发生了，就会给盖革计数器的管子充电。在这个奇怪的装置里，盖革计数器充电后会释放一个锤子，打碎一个装有氢氰酸的小烧瓶，从而把猫杀死。这个精巧的设计创造出了一个情景，即 1 个小时后，有 50% 的可能猫还活着，还有 50% 的可能猫已经死了。听上去很奇怪，但是倒也说得通。然而在量子力学中，这个现象并不会被描述为存在两种结局的可能性，而是会被说成是一个普西函数，一种描述系统全部量子态的方法。对可怜的薛定谔的猫来说，它的普西函数将是活猫与死猫同在！坐在台下的帕蒂一头雾水。量子力学作为一个能有力解释所有化学过程和绝大部分物理学过程的理论，怎么会提出像“薛定谔的猫”这样一派胡言的问题？这让他开启了一段寻求个中答案的毕生之旅。

这个让年轻的帕蒂困惑不已的问题也被叫作测量问题。我们在第 7 章曾讨论过，量子系统具有成对的互补属性，无法被同时测量。在量子层面，测量之所以会带来额外的麻烦，原因有三。第一，测量需要有观察者，一个与被测量物体分离的人物或工具。第二，（不可逆的）测量过程不受经典物理学法则控制。第三，测量具有随机属性，即观察者对测量的时间、地点、对象及表述测量结果的符号（本身即具备随机性）的选择。测量过程具有选择性，被测对象的大部分属性其实是被忽略的。比如说，我想描述你这个人，我应该选择哪一项测量方法来捕捉你的特征？我决定测量你的体重。我将用一个体重测量结果来描述所有人生阶段的你。我该在什么时间来测量呢？你的婴儿期，还是等到你成年，20 岁，35 岁，或是 60 岁？感恩节前一天还是后一天？到底哪个时间最有代表性？单体重一项能很好地测量你吗？要不要同时测量身高和体重？测量本身可能是精准客观的，但测量的过程是主观的。

测量过程具有随机性，这意味着它无法被客观的法则描述，无论是量子法则还是经典法则。这就给所有物理领域带来了一个问题，而不仅仅是量子多样性。为了预测一个系统的未来状态，物理学家必须知道系统的初始状态。怎么做到呢？通过测量系统的初始状态。但是这种测量是随机的，在测量的过程中，物理学家会对初始状态造成干扰。决定论者在认为世界是完全可预测的时候，往往忽略了初始测量的主观性。但是，这个问题是无法逃避的。不管你如何努力成为一名客观的观察者，测量行为本身就已经为系统引入了主观性。“测量问题”给物理学家带来了巨大冲击，但这或许正是神经科学所需要的。

断面与生命起源

物理学家将个体（测量者）与物体（被测量者）之间无可避免的分离称为断面（die Schnitt）。（多么美妙的一个词！）帕蒂称“这个无法回避的概念分离，关于认知者与被认知者或是事件的符号记录和事件本身，即为认知断面”[3]。在负责记录事件的观察者的世界里存在一套行为。事件本身则又是另一套行为。这听上去让人很迷惑，但想想你对一个事件的主观体验（比如“徒手冲浪真开心”）和事件本身（一个人在海里游泳）之间的解释空缺。或者，你也可以思考一下同一个主观体验（“真开心”）与脑中发生的事情（一个人在海里游泳，一些神经元被激活）之间的解释空缺。这些都是物理学中的主观与客观互补关系的例子。真正疯狂的地方在于：谁来观测这些事件？要想发现主观体验与客观真实之间的差别，我们需要科学家来帮忙吗？谁又来观测科学家？

帕蒂指出，无论是经典理论还是量子理论，都没有正式定义个体，即决定测量角度的工具或观察者。因此，物理学无法决定在哪里切开认知断面[4]。但是，量子测量方法不需要物理学家当观察者。帕蒂认为，其他东西也能进行量子测量。例如，酶（如 DNA 聚合酶）可以充当一个测量工具，对细胞的复制过程进行量子测量[5]，不需要人类观察者参与。

百家争鸣

帕蒂

正是人类相信意识会瓦解波函数，才产生了“薛定谔的猫”的问题。

年轻的帕蒂也不想掺和的“薛定谔的猫”之所以说不通，并不是因为猫或盖革计数器，而是因为人类进行的这样一个奇怪的实验。在薛定谔的思想实验里，猫被描述为一个普西函数，既是活的也是死的。这种状态会持续至我们打开盒子进行观测的一刻；也就是说，我们将看到一只活猫或一只死猫，而不再是二者兼有。观测干预（人类打开盒子）的结果看似瞬时且不可逆，且该结果的物理表现（活猫或死猫）是随机的。既然所有微观事件都应遵循可逆的量子力学法则（比如薛定谔方程），这种情况为何会发生呢？帕蒂指出，正是不完全的观测模型导致薛定谔的猫在被观测之前生死不明。他说：“正是人类相信意识会瓦解波函数，才产生了“薛定谔的猫”的问题。”[6] 事实上，薛定谔在写下这个关于猫的例子时，是为了说明这个概念有多么荒谬。他想证明量子叠加对宏观物体来说不存在，例如猫（狗和人也一样，在这种情况下）。

薛定谔跟我们开了一个玩笑。他试图指出我们对事物的理解缺乏某个环节。帕蒂（在高中的时候）明白了这一点，并开始着手解决这个问题。我们应该在哪里打开突破口、鸿沟或是断面？出于对生命起源的浓厚兴趣，他逐渐发觉人类意识在生物体结构中所处的层级实在太高，以至于并不适合被用于当作观察者与被观察者的认知断面。亚原子粒子与人类大脑之间存在无数的层级。事实上，无论是猫、老鼠、苍蝇还是蠕虫的脑，它们和亚原子粒子之间都存在足够多的层级。将认知断面放在如此高的层级，就会出现薛定谔的猫能以量子系统存在这样的无稽之谈。帕蒂没有畏手畏脚，而是直接提出：

“我认为，量子力学中的观察者问题一定出现在初期，其复杂度远不如脑。事实上，我提出……量子与经典行为之间的鸿沟存在于无生命物质与有生命物质的差别之中。”[7]

这样我们就明白了。帕蒂提出，类似量子观测过程引起的鸿沟开始于生命起源时期的自我复制活动，当时细胞是最简单的生命形式[8]。认知断面，无论是主观与客观之间的断面，还是心智与物质之间的断面，都源自生命起源时期的那个原始断面。主观感受与客观神经放电之间的鸿沟并非诞生于脑的出现。早在第一个细胞诞生之时，它就已经存在了。生命本身就存在两种互补的行为模式、两个层级的解释方法，这种二元论出现于生命初始，并在进化过程中一直得以保留，是区别主观体验与事件本身的关键。这真是一个令人晕头转向的想法。

符号中的生命：冯 · 诺伊曼的引导

尽管组成成分相同，有生命的物质的运作方式似乎与无生命的物质截然不同。为什么二者之间会存在差异？难道有生命的物质作弊了，违反了我们所知的掌管无机物质的物理学原理？帕蒂认为，有生命的物质之所以区别于无生命的物质，是因为它们具有复制和随时间进化的能力。那么，如何才能做到复制和进化？

约翰 · 冯 · 诺伊曼出生于匈牙利，是一位数学天才，一个充满活力的享乐主义者，他的学术贡献就像他对生活的热情一样令人瞩目。他出身于布达佩斯的一个犹太贵族家庭，临终前却接受了一位天主教牧师的祈祷——他开玩笑说，自己这是在践行帕斯卡的赌局。① 在他人生中的某一个时期，他加入了普林斯顿高等研究院，据称他经常用留声机最大音量播放德国进行曲，差点把爱因斯坦逼疯。

在那个年代，学术界的氛围十分活跃。薛定谔刚于 1943 年在都柏林发表了划时代的演讲《什么是生命》，其间他提出了某种“编码脚本”的概念，与细胞的分子机制恰好吻合。等到了 20 世纪 40 年代晚期，冯·诺伊曼也为自己提出了一个关于生命问题的思想实验。什么是生命？或者说，有生命的物体是怎样的？一个答案是，它们能复制。生命能创造出更多生命。但是，逻辑告诉他“实际发生的比自我复制高出一个等级，因为生物体似乎可随时间推移变得愈发精巧”[9]。

生命不仅能创造更多生命，还能增加复杂度，它能进化。冯·诺伊曼开始对一个问题产生兴趣，即若想把一个可进化、自动、能自我复制的机器（或“一个机器人”）放在一个能与之互动的环境中，在逻辑上有哪些先决条件。通过逻辑推理，他得出了结论，认为机器人需要一个关于如何进行自我复制的说明，以及一个关于如何复制这个说明的说明，好把它传递给全新的下一代机器人。原始的机器人还需要一个用于完成制造和复制任务的机制。它需要信息和制造。但是这只能实现生命的复制能力。冯·诺伊曼继续推理，认为必须添加某种机制，使得机器人获得进化能力，变得能自我提升复杂度。他最后总结道，机器人需要一个符号化的自我描述，一种基因型，一种独立于描述对象即表现型的物理结构。现在，我们需要有某种代码来连接符号化

① 帕斯卡对概率论很感兴趣。这个赌局的精要在于考虑当失败的后果很严重时，多大程度的风险是可被接受的。如果上帝是存在的，值得冒险相信上帝不存在吗？

描述与其所指代的内容，这样一来，机器人就能进化了。我们很快会看到原因。

> 百家争鸣
>
> 诺伊曼
>
> **机器人需要一个符号化的自我描述，一种基因型，一种独立于描述对象即表现型独立的物理结构。**

事实证明，冯·诺伊曼押对了宝。他在沃森和克里克之前准确地预测了细胞的复制方式。打一开始，在生命起源的时刻，在单分子层级，当DNA 还是大自然母亲的一个设想，可进化的自我复制能力就已存在两大要素：

- 撰写与读取遗传记录的方法，以某种符号形式存在。
- 截然不同的描述过程与建造过程。

这场小小的思想实验结束后，冯·诺伊曼开始研究其他问题。但是，他的工作其实是未完成的：他没有提及实现这套逻辑的物理基础。于是，帕蒂摩拳擦掌地接下了这项挑战。

符号的物理学：帕蒂按下了起始键

我们通常会认为符号是抽象的，而非遵循物理学规律。但是，作为科学家，我们就是一群物理个体，志在寻找遵循物理学规律和法则的物理学证据。冯·诺伊曼的符号一定存在物理属性。帕蒂将之称为“符号物理学”，随之而来的是几个问题。第一个问题出现在遗传记录即信息描述的撰写和读取上。涉及记录过程的描述是一种不可逆的观测，需要某种观测者的参与，我们将在后续的内容中讲到这一点。帕蒂意识到，生命起源时刻的信息描述过程与量子力学的测量问题撞了个满怀。测量是主观的，意味着它们无法被客观法则描述，无论是量子法则还是经典法则都不行。任何一种有生命的物体在“记录”信息时，都为系统引入了某种形式的主观性。

第二个问题出现在基因型与表型之间的关系。例如，以 DNA 为例，基因型指的是包含生命体指令的 DNA 序列。表型指的是生命体可被观察的特征，诸如其解剖结构、生物化学表现、生理活动以及行为。基因型与环境互动产生表型。如果我们将其切换到日常生活场景，蓝图相当于房屋的基因型，而实际建筑相当于表型。表型建造过程就是根据蓝图信息指导建造房屋的过程。表型与描述它的基因型相关，但是基因型与表型，甚至是表型的建造过程分属完全不同的物理世界。例如，基因型是不变的；它是一个静止的、一维的符号序列（比如 DNA 的符号是核苷酸），没有能量与时间的限制。就像你在电视剧《犯罪现场调查》里学到的一样，它就像个蓝图，能在角落里静静地待上数年。基因型指定了建造的对象（比如一条特别可爱的狗），但 DNA 本身无论是外表还是行为都和可爱的狗子不沾边。另一方面，表型（可爱的狗）是动态的，需要消耗能量，如果是边境牧羊犬的话尤其如此。

表型的建造过程同样与基因型相关。蓝图禁止建筑工人给民居造塔楼，类似的，基因型也限制了这条可爱的狗会有多少条尾巴。这种联系是如何构建的？从蓝图到房屋，以及其间诸如浇灌水泥和敲钉子的过程，它们的关系是什么？遗传记录不光包含了建造对象的信息，也包含了建造方式的信息。主观的记录符号（基因型）和表型建造过程及表型本身之间存在一条鸿沟。在建造开始时，符号必须被翻译为其所指内容。如果从层级化结构的角度来考虑这个问题，这就相当于两个层级之间的工作协议。帕蒂提出，这两个层级之间的控制界面才是认知断面的所在地。在 DNA 的例子中，基因型和表型之间的桥梁是遗传编码。在蓝图的例子中，桥梁则是建筑承包商为施工人员解释蓝图内容。

帕蒂延展了冯·诺伊曼的逻辑，称负责编造指令（遗传记录）的符号必须拥有一个物质结构，并且在表型制造过程中（建造新的机器人），该结构能依照牛顿定律约束这个过程。这里没有什么魔术戏法。符号都是物理结构，一串遵循经典物理法则的核苷酸。

重点来了：符号是随机的，无论是 DNA 中的一段核苷酸序列，一段摩尔斯电码，还是一段心理模拟。想想一直处于变化状态的俚语，你就很容易理解符号的随机性。例如，“本杰明”（Benjamins）、“票子”（simoleons）和“面团”(dough) 都曾是美语中风靡一时的用于指代“钱”的符号，尽管用法都很随意。每种语言都有自己的一套符号，就如喜剧演员史蒂夫·马丁（Steve Martin）曾经警告前往巴黎的游客说：“帽子说成 chapeau，鸡蛋说成 oeuf。那些法国人好像不管什么东西都有另外一种说法”。[10] 问题在于，牛顿法则可不随机。如果牛顿的固定法则掌管符号系统，那么全世界所有人都会用同样的词来表示“钱”，次次如此，直至永恒。遗憾的是，用于传达信息的符号可以有很多种。每种符号性质不同，各有各的优缺点，但由于符号区别于物体本身，二者无法建立完全一一对应的关系。

你或许不同意 DNA 和语言一样具有随机性，认为存在物理化学限制。但是，符号的选择并不遵循物理法则，而只是遵循一个规则：所选符号应能携带对系统来说最有用、最可靠（稳定）的信息。我们将看到，DNA 的组成原件本身就是从一系列备选中挑选出来的，以更好地限制其所属系统的功能。符号如果是稳定的，就能进行传播。目前DNA的组成部分属于帕蒂所说的“被封冻的偶然事件”。符号系统其实包含了能适用于多个历史阶段的版本（注意其本身与时间无关），而不仅仅适用于当前环境。因此，回到钱的例子上来：如果只有一小撮人把钱叫作“贝蒂”，那么它就不是一个可靠的符号，因而不会被选择，也不会被传播。

这是一个有点令人困惑的概念，因为在我们的社会中，“规则”和“法则”是可以互换的。我们会将诸如驾驶规则一类的东西称为“法则”。帕蒂解释说，法则和规则在本质上存在一个基本且重要的区别[11]。法则是不可改变的，这意味着它们无法变动，无法逃离，无法避免。我们永远无法改变或回避自然界的法则。自然法则规定行驶中的汽车会一直保持运动状态，直到一个等大反向的力将其停止，或是燃料消耗殆尽。这不是我们能干预的东西。法则是无形的，这意味着它们不需要实体或结构来执行：不存在什么物理学警察会在汽车没油的时候跳出来强迫它停下。法则也是普适的，它们在所有时间、所有地点都成立。无论你在苏格兰还是西班牙，运动法则都是对的。

另一方面，规则则是随机可变的。在大不列颠群岛，驾驶规则规定车辆靠马路左侧行驶。但在欧洲大陆，规则是靠右侧行驶。规则与负责执行的结构或约束有关。在开车的例子中，这个结构就是警察机关，对所有违反规则、开错边的人处以罚款。规则是局部的，这意味着它们只会在执行结构存在的时间和地点生效。如果你生活在澳大利亚的内陆地区，你说了算，你想在哪边开车就在哪边开。因为这里根本没有能够约束你的结构！规则是局部的，可变的，可被打破的。一个由规则管束的符号从竞争者中脱颖而出、被系统选中，是因为它能更好地约束其所属系统的功能，从而产生更成功的表型。

选择是灵活的，牛顿法则不是。

The Consciousness Instinct

> 符号负责传达信息，它们独立于负责掌管能量、时间和变化率的物理法则。它们不遵循任何一条牛顿法则。它们是一群只看规则的“法外之徒”！这告诉我们，符号并不受自己所表达含义的约束。

符号具有两面性，根据具体的任务，存在两套互补的描述模式。其中一方面，符号由物理物质构成（DNA 由氢、氧、碳、氮和磷分子构成），后者遵循牛顿法则，其物理结构约束了建造过程。但是，另一方面，符号作为信息仓库，又不受这些法则的约束。过去，符号的两面性在很大程度上被忽视。对信息过程感兴趣的人往往会忽视其客观物质的一面，即符号的物理构成。分子生物学家和决定论者则只对物质的一面感兴趣，忽略了其主观的、符号性的一面。两派人马都只关注某一面，而没人研究其完整的、互补的性质。这不仅是一种遗憾，也是一种对科学的歪曲，因为正如我们在上文探讨过的那样，一个能够自我复制、可进化的生命形式之所以能存在，正是因为物理符号系统能二者兼顾。帕蒂认为，没有任何一面是充分的。回避这条纽带的任何一头都会丢失其全貌。他大胆提出：“正是这种天然的符号 - 物质关联使得生命区别于无生命的物理系统。”[12]

基因编码真的是一种代码

为了更好地理解符号-物质关联及其对我们的启示，让我们近距离观察 DNA，这个生命系统中符号-物质关联的最佳示例。首先，为了理解生命系统中的符号，我们需要学习一点生物符号学知识。我们的老师是马塞洛·巴比里（Marcello Barbieri），来自费拉拉大学的一位理论生物学家。

符号学是研究标识（即符号）及其含义的学问。该领域的基础理论为根据定义，符号总与其含义相关。我们已经从史蒂夫·马丁和他对巴黎的意见中看出，符号和其含义之间并不存在决定性的关系。无论是在美国还是在法国，鸡蛋就是鸡蛋，但我们对鸡蛋的称呼不一样。物体完全区别于其符号表征（英语的“egg”或是法语的“oeuf”）及我们对符号的理解。巴比里指出，符号和其含义的关系是由一种代码实现的，即一套用于指定符号和含义对应关系的约定俗成的规则。代码由某种媒介产生，即代码生成器。负责编制代码的代码生成器产生了符号系统。因此，巴比里说：“符号系统是由标识、含义与由单一媒介即单一代码生成器产出的代码构成的三位一体。”[13]

生物符号学是研究生命系统中的标识与代码的学问。该领域的基础理论认为，“基因编码的存在表明所有细胞都是一种符号系统”[14]。巴比里称，现代生物学还没有接受这条生物符号学基本假说，因为现代生物学中有 3 个核心概念与之不符。其一是将细胞看作计算机。在这个比喻中，基因（生物信息）相当于软件，蛋白质相当于硬件。计算机有代码，但它并不是符号系统，因为代码来自系统外部的代码生成器，而根据我们从上文中学到的知识，符号系统应当包含代码生成器。“细胞就像计算机”的观点认为，遗传编码也来自系统之外的代码生成器，即自然选择。在这个语境下，生物就不是符号系统，“遗传编码”不过是一个比喻。

现代生物学与生物符号学的第二个概念冲突来自唯物主义，即任何事物都可被简化为物理实体。生物学家认为物质（包括 DNA、分子、细胞、生物体等）及其行为遵循一定的法则。而符号学编码遵循的是非决定论的、模糊不清的规则，而不是决定论的、将系统与其含义紧密相连的法则。第三个矛盾来自对一切生物革新都来自自然选择的确信与否。

巴比里认为，生物学家在给出以上这些基本假设时忽视了某些基本问题：他们无视了生物的起源。自然选择下的进化需要遗传记录的复制和蛋白质的制造，但这些过程本身也拥有某种起源。巴比里指出，生物系统中的基因和蛋白质与其他分子具有本质区别，主要原因在于它们的产生方式与其他分子截然不同。

由诸如计算机和石头一类物体构成的无机世界中的分子结构由原子自发形成的关联决定。这种关联本身又由原子的内在属性，即其化学与物理性质决定。这很符合决定论观点。

生物系统不一样。基因是由核苷酸构成的精巧链条，蛋白质是由氨基酸构成的精巧链条。这些链条并不是在细胞内自发形成的。它们并非一见钟情，从而在某种不可逆的化学力量下聚合在一起。相反，它们之所以能形成链条，是因为有一系列分子、一整套核糖核苷酸（RNA）系统和蛋白质组装器来辅助这一过程。巴比里指出，这对生命起源的意义是重大的。

负责将核苷酸绑定在一起的原始“关联制造”分子，即 RNA 系统的前体，诞生时期远早于第一个细胞的出现。负责按照模板聚合核苷酸的“关联制造”分子、或者说“复制者”分子同样古老。这些关联制造者和复制者通过随机的分子聚合形成。自然选择以一种精雕细琢的方式制造了生命，但进化所需的分子即关联制造者和复制者早在生命出现之前就已存在。

巴比里指出："自然选择是分子复制活动的长期产物，如果复制是生命的基本机制，分子复制也将是进化的唯一机制。"[15]但事实并非如此。基因可以当自己的模板并进行自我复制，蛋白质不能。蛋白质不能从其他蛋白质那里复制产生。巴比里还强调，最早的蛋白质制造者具有一个了不起的特性，即"能够确保基因与蛋白质之间的特定关联，因为如果没有这种关联，就不会有生物独特性，没有生物独特性，就不会有遗传和繁殖。没有基因与蛋白质之间的特定对应关系，我们所认识的生命就不会存在"[16]。他所说的特定对应关系就是代码。必须先有代码，其后才能有自然选择。

这里有一个有趣的概念：如果如同早期学说所认为的那样，基因与蛋白质之间的对应关系不是某种代码，而是由某种经典化学原理所决定的，生物系统就会是自动的，因此也是符合决定论的。但事实并非如此，这对生物学家来说是个意外。基因与其编码的、负责组成蛋白质的氨基酸序列之间的桥梁是由转运 RNA 分子构建的。这些分子具有两个识别位点：一个用于识别密码子（3 个核苷酸的组合），另一个用于识别氨基酸，从而将二者连接在一起。如果密码子与特定核苷酸之间的连接是由它们的物理结构所决定的，这个过程或许也可以被看作一个自动化机制，但事实并非如此。RNA 上的两个识别位点彼此独立，并存在物理结构上的分离。巴比里指出："密码子和氨基酸之间根本不存在必要连接，它们之间的特定对应关系只能是某种约定俗成的规则的产物。简而言之，只有真正的代码能够保证生物特异性，这意味着遗传编码概念不可能仅仅是一个语言学上的比喻。"因此，他给出了如下的结论：

“细胞是真正的符号系统，因为它包含此类系统的所有基本特征，例如符号、含义、以及由同一个代码生成器产出的代码。”[17]

生物符号系统违背了现代生物学的几大基本概念，而最新发表的论文提供了相关证据。最近，科学家们发现头足动物（包括章鱼在内的一类动物）能对自己的 RNA 进行重编码。RNA 分子具有同时编码 DNA（分子的一部分结构负责识别由三个核苷酸构成的 DNA 密码子序列）与蛋白质（另一部分负责识别氨基酸）的优势。RNA 重编码意味着可以根据同样 DNA 符号序列合成不同的蛋白质，其结果导致基因与蛋白质之间一对一关系被破坏。重编码使得章鱼的基因在 DNA 序列不变的情况下生产出许多不同种类的蛋白质[18]。这是一个重大发现。它表明生物学中与生物个体符号系统相违背的三大概念可能是错误的。这个系统可以改变自己的代码。这个系统拥有一个内在的代码生成器，后者可以带来生物学革新即新的蛋白质，且无须自然选择参与。这个发现还表明，生命系统中的符号与其含义的对应关系具有随机性。

如果生物系统中的符号具有随机性，RNA 又是代码生成器，为什么 DNA 会成为主宰？为什么在过去的数亿年间，DNA 都在分子符号系统中一家独大？就其物理构成来说，DNA 分子极其稳定，不像 RNA。因此，DNA 的符号结构能在进化历程中得以保留。尽管我们和其他生物细胞中的 DNA 结构现在十分稳定，但是在生命起源初期，DNA 的结构并不是这样的。通过不可逆的、概率性的自然选择过程，分子的随机打乱与重组产生了由核苷酸构成的大分子。再通过进一步打乱，成功的 DNA 组件与序列得以生存下来，并开始自我复制。

但是，当我们在谈论DNA时，“成功”到底指的是什么？DNA由4种不同的核苷酸构成。基因是特定核苷酸组合的序列，它们是用于制造蛋白质的符号说明，或者说配方。什么样的DNA序列是成功的？成功是指在生命在世期间保持物理结构稳定吗？还是说是指在生物复制过程中保持稳定的信息编码？二者都是。DNA通过对其产生过程的限制成为记忆遗传信息的结构，它遵循牛顿法则，在细胞的液体环境中，DNA能够通过其核苷酸碱基的性质保持自身热力学稳定。但是，在信息（主观）模式下，DNA遵循的是规则，而不是物理法则。进化对碱基序列的选择依照的是一条规则：选择对生物生存和繁衍最可靠、最有用的信息。核苷酸组成了DNA，并以符号形式携带被选择的信息，尽管具有随机性，但因为它们漂亮地完成了自己的工作，所以在进化过程中能保持稳定，并且持续表现优秀，不像某些拿到终身教职以后就开始吃老本的大学教授。

通过复制，这些核苷酸被读取、翻译为线性的氨基酸序列（构成酶与蛋白质），这个过程遵循的也是规则。这些规则被称为基因编码。DNA包含序列，执行代码的却是RNA分子。特定DNA序列被称为密码子，由3个核苷酸构成，代表特定的氨基酸序列。这是一个明确的关系，但并非一一对应。例如，有6种不同的密码子代表精氨酸，而只有一种密码子代表色氨酸。但是，DNA序列的组成部件（即符号）与氨基酸序列的组成部件（即含义）并不相像，就好比指代配方成分的词语和成分本身并不相像。

当一串DNA序列被翻译成氨基酸序列后，DNA的指导任务就（暂时）结束了。但这并不意味着符号对氨基酸物理结构的约束也结束了。氨基酸序列被建造出来后（记住氨基酸之间的连接不是自发的），它会自我折叠，在分子间形成微弱的连接，就如同很弱的磁铁。连接的种类与折叠的形式取决于每个氨基酸的位置，这完全由符号系统决定。这个步骤非常关键。一旦氨基酸各就各位，物理法则就决定了它们之间的连接。有些氨基酸讨厌水，有些喜欢水；有些氨基酸喜欢抱团，有时甚至表现得十分热情。氨基酸序列与环境的互动将序列折叠成三维的结果，即蛋白质[19]。折叠使遵循规则的、一维线性的氨基酸转变为一个遵循法则的、三维的、动态的、功能明确的结构（蛋白质）。

The Consciousness Instinct

当然，蛋白质遵循物理与化学的因果法则。但是，DNA 序列中随机的、符号化的信息才真正决定了蛋白质的物质组成与生化功能。

这真是太神奇了。DNA 是一个天然的例子，表现了符号信息（核苷酸序列）如何控制物理功能（酶的运作），连接二者的是一套遵循规则的代码，也就是冯·诺伊曼提出的假说中所认为的，一个可进化、自我复制的机器人所必需的一种机制。不过等等：蛋白质是谁造的？DNA 持有信息，被解码用于制造蛋白质，那么是谁启动了这个过程？答案是：另一个蛋白质。为了启动复制过程，必须先有一个酶（蛋白质）将 DNA 链条解开。将 DNA 链撬开的是一个全新的蛋白质。这就像是古老的“先有鸡还是先有蛋”问题：没有催化酶解开 DNA 链，DNA 携带的信息就会丧失作用，无法被复制、转录或翻译，但没有 DNA，就没有催化酶。玻尔的互补原理——两个互补的部分，两种描述模式，共同构成了一个独立的系统。

冯·诺伊曼在他关于自我复制的思想实验中，指出他回避了“最引人入胜、最激动人心、最关键的问题，即为什么自然界会出现分子或分子聚集……这样两种现象，为什么在有些情况下它们是大分子，在有些情况下则是大的聚集体”[20]。帕蒂认为，是分子的大小将量子世界与经典物理世界联系在了一起：“酶足够小，可以利用量子相干性获得生物所依赖的、巨大的催化能力，但它也足够大，从而获得了高特异性与随机性，能够产生足够不相干的、能按照经典结构模式运作的产物。”[21] 简单来说，量子相干指的是亚原子粒子能够彼此同步、合作产生不相干的产物，即不具有量子性质的粒子。帕蒂还指出，已有研究支持了他的假说，即酶需要量子效应[22]，而生物无法在严格的量子世界中诞生[23]。量子层级与经典物理层级，二者都很重要。

符号闭环：吃尾巴的蛇

冯·诺伊曼明确提出，他的机器人需要学会自我复制。为了实现自我复制，就必须对自我有清晰的界定。要想创造一个“自我”，你需要负责描述、翻译和建造的零件。要想创造另一个自我，你就需要描述、翻译并建造这些负责描述、翻译和建造的零件。这种自我指向性的循环不仅仅是一个令人头疼的概念。它其实非常接近一个逻辑闭环，后者恰恰是“自我”的定义。

这种实现符号-物质-功能之间的紧密关联所必需的物理条件被帕蒂称为符号闭环。他强调，要想在物理上执行这一闭环，符号指令就必须存在实体结构。系统内不能有神神鬼鬼，物理结构也必须依照牛顿的法则来实现所有动态过程。符号回路的闭合（即分子之间的物理连接）定义了“自我复制”的主体——“自我”的界限。在周围四处飘荡的物质不会被纳入系统；界限是明确的。这里不是说细胞具有自我觉察能力。但是，没有自我就不会有自我觉察。通往自我觉察的第一步就是得到一个清晰界限的自我。接下来的目标，包括自我觉察、自我控制、自我体验、自我意识和自我专注等等，都是以后的事情。

符号闭环一定存在于所有能自我复制的细胞中。没错，随着进化，“自我”变得越来越复杂，但是，哪怕是一个小小的细胞也会听从警探哈里的建议[①]，“清楚自己的界限”。

The Consciousness Instinct

无论符号-物质回路的物理过程有多复杂，它们都是连通物理学家所说的“断面”，即解释空缺、主客观鸿沟两侧的桥梁。它们是量子层级与牛顿物理学层级之间的工作协议。符号-物质回路的机制将两种描述模式统一起来，填补了自生命起源之日起就一直存在的鸿沟。

这告诉我们，主观意识体验与我们的物理大脑中客观存在的神经放电，这两种描述模式之间的桥梁或许也是一种类似的机制，这种机制甚至可能存在于细胞之内。

投降与停战

在量子物理学发展早期，尼尔斯·玻尔提出的互补原理就像一杆白旗，用于解释光的双重属性（波粒二象性）。在解释这一现象时，互补原理既承认

① 《警探哈里》是 20 世纪 70 年代的电影。——译者注

客观的因果法则，也承认主观的测量规则。玻尔强调说，尽管两种描述模式都是必要的，这并不意味着被观察的系统存在二元性。系统本身是一体的。它同时具有两种属性，就好比一枚硬币具有两面。

这对于我们来说是一个理解难点，如果我们真的能理解的话。没错，理查德·费曼曾经说过："我认为我能肯定地说，没有人懂量子力学。"在 1927 年的科莫演讲中，玻尔用一个类比描述了主观与客观之间的差别，这种差别可延伸到心智与物质之间，他说道："我希望……互补的理念能够用来描述这一状况，它是主客观差异的基本特征，与人类思想的形成极其相似。"[24]

但是，帕蒂更大胆。他看到的不只是一个类比。他认为互补原理具有不可替代的认知论意义，适用于生命起源及所有进化阶段。其核心不仅是描述主观与客观的分裂关系，而是"两种知识体系的看似矛盾的表述"[25]。这个矛盾让哲学家和科学家在过去的几千年内被二元论耍得团团转。如果他们像现在这样继续研究，同样的困境还会持续几千年。两种研究模式发现了两种现象，这是无法被同一套物理法则所解释的。帕蒂笑道，客观模式使得"还原论者坚信生命不过是普通的物理物质，事实也的确如此，如果你不愿考虑测量和描述中的主观问题的话……互补原理说的是，单用一种客观的描述模式是不够的，哪怕是物理学也不能被还原成这种模式"[26]！

就像过去的科学家和哲学家不得不接受世界不是平的，我们也不得不在讨论心智与脑的问题时处理互补原理问题。互补原理如今仍具有争议性，因为它违背了人们的信念，即最完美的解释往往是唯一的解释。但是，早在一百年前，物理学就通过量子世界的发现证明了唯一解释观的错误性。微观世界中的法则与宏观世界不一样，二者处于不同的描述层级，不可相互转换。

那些把唯一解释当作金科玉律的人忽略了物理学中的真相。帕蒂痛心地感慨道，互补原理“之所以被量子力学接受，仅仅是因为其他所有解释都失败了”[27]。这恰如夏洛克·福尔摩斯的名言：“当你排除了不可能之后，不管剩下的是什么，不管多么不可能，一定是真相。”帕蒂想知道，互补原理若要融入生物学与社会学理论，是否也会遭遇类似的困难。就像理查德·费曼曾经说过的那样：“你要是不喜欢，就去别的地方……去另外一个宇宙，那里的规则更简单，那里的哲学更令人愉快，在心理上接受起来更容易。”[28] 你不喜欢这个理论，不意味着这不是事实。

鸿沟问题的可能答案

有生命的物质区别于无生命的物质，因为它的运转路线完全不同。无生命的物质遵循物理法则。而生命自打诞生起就将宝押在规则、代码和符号信息的随机性上。这种符号信息与物质之间的区别与独立关系使得开放结局式的进化成为可能，从而产生了如今我们所熟知的生命。过去成功的经验信息被符号记录、保存。这些记录本身就是一种测量，具有概率性质。无论如何，生命需要这些随机的、概率性的符号在物理世界中实现物质的建造。符号与测量所固有的随机属性提供了一些刺激，一些不可预测性，它们与可预测的物理法则结合，让生命随时间流逝变得越来越有序，越来越复杂。

主观与客观之间的差异不仅仅是一个有趣的反常现象。它起始于物理学层级，表现为符号测量的随机性与物质法则的确定性之间的差异。这一差异随后又体现在基因型（构成生物 DNA 的核苷酸符号序列）以及表型（符号描述的实际物理结构）之间。它伴随着进化层层向上，最终出现在心智与大脑之间的差异中。

在过去的 2500 年里，关于思想与意识的讨论一直集中在人类身上，并在最近被进一步锁定于进化完全的人类大脑。这并没有帮助我们跨越解释空缺。我们应当开始研究霍华德·帕蒂提出的那条盘踞在生命与非生命物质之间的鸿沟。如果我们能确定二者的连接方式，即生命如何达成符号闭环，也许就能填补心智与脑之间的解释空缺。我们甚至能从威廉·詹姆斯那里获得支持！詹姆斯甚至提出了被他称为“复合单子论”的理论：“每个脑细胞都有独立的意识，其他细胞对此一无所知，每个独立意识彼此‘互斥’。”[29] 单个细胞中存在某种原始的活动，能将主观的“自我”与客观机制联系在一起。符号闭环即连接生命与无生命物质的环扣存在于所有细胞中。认识到这一点后，通过研究相关的机制，我们或许能以一个不同的视角来理解意识，在不同的地方寻找意识的存在。我不是说单细胞也有意识。我只是推测它们中存在某种加工机制，要么是意识体验的产生过程所必需的，要么具有相似之处。

我们之所以会在解释空缺上栽跟头，是因为心智中的主观体验无法被简化为物质脑中的神经放电活动。它们看上去像一个系统中的两个无法消减的互补属性。我们知道，不管客观的外界观察者对大脑的结构、功能、活动以及神经放电有多么了解，这些神经放电产生的主观体验都与观察到的现象完全不同。神经放电的形式乃至其存在本身，都不属于主观的体验或直觉。知觉与思维的主体对这些活动的客观过程并不知情。正如我们在关于层级的章节中所讨论的那样，这些细节对人来说并非必需，而是被隐藏、抽象化了，因此是不可见的。更进一步，如果预先不知道神经元的功能，我们是不可能根据其结构推断出其功能的，同样，我们也无法根据神经元的功能推断出它的结构。知道其中一方面无法帮助你了解另一方面，它们是两个分离的、无法简化合并的层级，各自拥有不同的工作协议。帕蒂相信，这就是互补原理的关键，单一模型无法同时解释客观结构与主观功能。认知断面（或者说主观-客观断面）在人脑层级中无处不在。帕蒂提出“我们关于生物的模型永远无法消除自我与宇宙之间的区别，因为生命就是因为这种区别而诞生的，进化也因这种区别而成立”。[30]

因此，我们的思想中时刻存在两种不同的行为模式和描述层级，我们也不应对此感到奇怪。主观-客观断面出现在所有伟大的哲学议题中：随机与可预测，经验与观察，个体与群体，后天与先天，以及心智与大脑。帕蒂认为互补模式是无法回避的，并且是解释体验的主客观模型关联的关键。两个模型深深扎根于生命之中，在生命起源之时诞生，在进化历程中被保留。帕蒂写道：“这是一种普适的、不可简化的互补关系。任何一个模型都无法推测出另一个模型，也无法被简化为另一个模型。遵循同样的逻辑，关于一个测量仪器的精密客观模型无法进行主观的测量，关于大脑物理结构的精密客观模型也无法产生主观的思想。”[31]

无视鸿沟的任何一侧都会导致我们无法找到二者的关联。要想将二者联系起来，就必须承认符号的二元性与互补性。这种关联或许包含能被物理学解释的机制，但这种解释并不那么容易让人接受，无法让任何人心理获得满足，无论是决定论者还是灵魂信徒。也许就如同量子力学那样，没有人能够真正理解这种关联，它或许远远超出了我们的直觉与想象。费曼曾批评道：“我们不能告诉大自然她将是什么样的。那应该是由我们来发现的。每当我们提出一个设想，关于自然的真相、未来以及测量方法，她的表现都很聪明。她总能超越我们的想象力，并且能找到一种我们没想到的、更聪明的方式来行事。”[32]

第 9 章
汩汩溪流与个人意识

"如果能有什么事情变得合理一些，那就太好了。"爱丽丝说道。

刘易斯·卡罗尔
《爱丽丝漫游奇境》

我们都拥有这个被称作"意识"的东西，能够觉察自己关于这个世界、他人与自己的源源不断的思考、渴求、情绪和感受。意识不仅无处不在，它也是私人的、决定性的，划定了自我的边界。它定义了生命的体验。意识本身似乎凌驾于脑的物理结构之上，包括后者所有的层级与模块。似乎如果没有意识，我们就与笛卡儿在巴黎公园看到的机器人没什么两样，不过是一台机器。那么，我们可以如何解释意识呢？

你也许已经猜到了，在前面的章节中，我们已经讨论了那些可能帮助我们以一种新的思路来思考意识体验本质的概念，包括模块、层级、互补原理以及符号闭环。这些概念将帮助我们理解神经回路的两面性：它们承载着符号信息，遵循随机的规则，同时它们也拥有物质结构，遵循物理法则。所有这些概念结合在一起，共同讲述了脑的故事。它是一个器官，在自然法则的力量下获得了精巧的结构，它由局部模块组成，后者又构成了层级式结构，在很大程度上，一组模块是不知道其他模块在做什么的。这个故事的主角是一群勤恳的小神经回路，它们彼此协调，共同实现了一个伟大的功能，就像渺小的公民们各自工作，合在一起就构成了社会。要想理解意识，就必须理解这些辛勤的零件如何在每一个时刻表达自我。

如果鸿沟、模块和层级能帮我们理解脑如何产生心智，它们就必须能解释脑的一些固有特性。让我们花点时间细细思考下面的例子以及它对自我感觉产生的影响：神经外科医生能够切断你的两侧大脑半球的关联，让你的脑中产生两套心智，二者在同一时间拥有不同的内容，尽管有着相同的情绪驱动力和感觉。接下来，记住一点：脑损伤能产生特定功能缺陷，却几乎不可能彻底消除意识；以及最后一点：意识体验表面看上去统一完整，实际上却像一场交响乐，其中存在许多平行运作的系统，分别输出各自的处理结果。

The Consciousness Instinct

> 这样一来，意识尽管看上去就像一场完整的、经过完美剪辑的电影，但它其实是一幕幕短剧，像沸腾的开水中的气泡一般此起彼伏地浮向前台，彼此之间被出场的时间联系在一起。

意识时刻在变化，犹如一条溪流，就像威廉·詹姆斯曾经说过的：“一个消失的状态不可能再出现，也无法被识别为曾经的模样。”[1] 让我们为此进行一些铺垫。

两个意识不同的有意识的半球

我必须回溯至我完成的第一个科学观察。主人公是病人 W. J.，他患有严重的癫痫，一周中有大概两天无法正常生活。年轻的神经外科医生约瑟夫·博根（Joseph Bogen）在深入研究之后，建议 W. J. 接受一个少见的外科手术，即将连接两侧大脑半球的大神经束切断。在纽约州罗切斯特，已经有好几个病人在 20 年前为了控制癫痫发作接受过同样的手术。手术很成功，他们停止或大幅减少了发作次数。神奇的是，大脑被切断后，这些病人都表示自己感觉一切正常，唯一的区别就是癫痫发作消失了。

W. J. 是一名参加过第二次世界大战的老兵，身经百战。他权衡一番之后，同意接受手术。我当时还是一个年轻的本科生，负责设计一些测试，以便在裂脑手术之后检查可能产生的脑功能影响。预期的结果是没有影响，因为之前罗切斯特的病人也都如此。W. J. 是一个温暖和蔼的人，他的两侧脑半球似乎合作得不错，尽管它们再也无法进行直接交流了。一侧半球掌控说话功能，而另一侧半球不能。根据脑的连接原理，掌控说话功能的左半球能“看到”注视点右侧的视野，而与说话功能无关的右半球接收的是注视点左侧视野的信息。在这种情况下，我开始好奇：如果 W. J. 的右边闪一道光，他会说自己能看见吗？这道光会抵达左半球，而左半球拥有言语能力；这对它来说应该很简单。事实也的确如此，W. J. 轻松地表示自己能看到。

之后，我又在 W. J. 的左侧呈现了同样的光，想看看他是否会说些什么。他什么都没说。我拍了拍他，问他是否看见了什么东西，他肯定地回答说：“没有。”他是看不见左侧的东西了，还是说光的信息没能被传达给拥有言语能力的那一侧半球？看似沉默的右半球是否知道自己“看到”了光？它有意识吗？事情的真相到底是什么？

随后的测试结果表明，沉默的右半球的确“看到”了光，因为右半球能够轻松准确地控制 W.J. 的左手来指向光的位置。这就是最初关于分离大脑的同时也出现心智分离的观察证据，科学家们随之开启了一段长达 60 年的关于心智本质及其背后物理机制的研究。掌控说话功能的左半球似乎并不挂念右半球，反之亦然。它不仅没有挂念，它甚至不记得对方的存在，也不记得对方的功能，就好像右半球从未存在过一样。对我来说，这是心智 / 脑研究领域的学生最应该去思考的现象。

左半球再也意识不到左侧空间的事物，它为什么一点儿都不烦恼呢？想象一下，如果你的大脑被切断了，你第二天在医院病房醒来，你的主刀医生走进来查看你的情况，你却只能看到他的左半边脸。你觉得你会意识不到他的右半边脸不见了吗？但事实就是你不会。事实上，你的左半球根本就意识不到左侧空间的存在。奇怪的地方在于：我这里好像说的是，这个新的分裂版本的你只有左半球参与，但并不是这样。你也是你的右半球。新的“你们”拥有两套心智，各自持有不同的感觉与认知信息。这就仿佛只有一个心智能随时“说话”，而另一个起初不会“说话”，但也许很多年以后，它也能学会“说”几个词。

还有更疯狂的事情：在手术后的最初几个月，在两侧半球习惯共享身体之前，你甚至能观察到它们互相争抢的场景。例如，有一个简单的任务，你需要根据卡片上的图案排列彩色方块。右半球特有的视觉运动功能可以让左手在这个任务中如鱼得水，左半球却不擅长这个任务。当一个刚接受裂脑手术的病人试图完成这个任务时，左手能够很快做好；但当右手开始尝试时，左手会搞破坏，试图插手任务。在类似的一个测试里，我们让病人把专横的左手压在屁股底下，好让右手独自完成任务，结果右手到最后也没成功！这个任务超出了左半球的能力范围。

当两侧半球失去联系，单靠能获取的信息，单侧半球不知道对侧半球所掌握的知识，也不知道对方所具备的功能。两侧大脑都会尝试独立完成任务，导致出现争抢的现象。通过这个简单的任务，一个统一意识的幻想被戳破了。很明显，如果意识是某一个脑区产生的，那么裂脑病人就不应当同时产生两种体验！

精彩的还在后面。我们都看过这样一个错觉小动画，两个球体看似出现碰撞，在这个假的碰撞之后，理应受到影响的球体被弹飞了。在心理学术语中，这被称作米乔特发动效应（Michotte launching effect），命名来自比利时心理学家阿尔伯特·米乔特（Albert Michotte），他发现了这个错觉情境，来研究我们如何感知和推断因果关系。因为第一个球在第二个球旁边停下了，没有发生实质性的碰撞，所以其实没有发生能够把第二个球弹飞的物理事件。但是，这并不是我们看待各种事件的方式。球体 A 撞上了球体 B，球体 B 飞了，就这么简单。这里面肯定有因果关系！

那么，裂脑病人是如何看待这个简单的任务的？左半球有自己的意识，它看待任务的方式与右半球一样吗？马修·罗泽（Matthew Roser）最早进行了一个实验来研究这个问题，他来自新西兰，曾是我在达特茅斯的实验室的一名学生，现在则在英国的普利茅斯大学[2]。马修是一个了不起的科学家，他和其他同事一起研究两侧大脑半球如何合作又如何分离，用的就是碰撞球幻觉。研究结果令人惊讶。右半球很快就理解了幻觉的原理，左半球却不能。这一点在第二个实验中获得了证实。在第二个实验里，他们略微增加了两个球体在假碰撞发生时的距离，或是延长了第二个球开始运动的时间。在这种情况下，右半球不再相信幻觉的存在。而负责许多重要认知功能的左半球似乎不管怎么样都没办法看破这个幻觉。有趣的是，左脑的确能够发现右脑无法理解的一些关系。在这些测试中，左脑能够解决那些需要逻辑推理的问题，而右脑不能。简而言之，关于因果关系的直接知觉发生在右脑，而推测因果关系的能力则归属左脑。

让我们考虑一下连接正常的大脑如何处理以上两种任务，很明显，在看到幻觉时，右脑拥有理解幻觉的神经装备。当需要处理一个逻辑任务时，左脑开始负责处理相关信息。因此，在一个连接正常的大脑中，在一个时间点下，右半球“看到”了启动球测试并“发言”:“喂，A 球刚刚撞上 B 球啦。”但是在另一个时间点下，当眼前的任务变成逻辑推理类时，又变成左半球来负责理解，而不是右半球。这就好像街机游戏打地鼠，经过某一侧半球处理的信息探出头来以后，我们才能觉察到或者意识到它的存在。但是，到底是神经加工激活了某种“把它变成意识的网络”（在这种情况下，两侧半球都必须各自拥有这样一个网络），还是说神经加工本身就拥有使其抵达意识层面的能力？

意识就像小气泡

我认为是后者。正是关于这个问题的思考促使我将意识出现的过程比喻为开水冒泡。意识不是某种特定网络的产物，使得我们的心智事件变得可被察觉。每一个心智事件都是由脑模块管理的，后者拥有让我们意识到处理结果的能力。

这些处理结果从不同的模块中冒出来，就像一壶开水中的泡泡。每一个气泡都是某个或某组模块的加工终产物，它们一个接一个出现，并在一段时间后破裂，被其他气泡取代，这是一个持续发生的动态过程。一个个加工过程你方唱罢我登场，在时间上无缝衔接。（这个比喻特指那种至少以每秒 12 帧的速度快速冒泡的情况；或者也可以看成是翻页卡通书，翻页速度越快，卡通人物的动作看上去就越连贯。）

现代神经科学的元老查尔斯·谢灵顿爵士也提出了类似的想法，他注意到：

> 心智在多大程度上可以被看作一群半独立的知觉心智集合，通过同时出现的体验在精神上结合在一起？我们或许可以说，心智对亚知觉与知觉大脑的区分使得一些脑损伤只能对心智造成微弱影响……简单的同时性可以把很多机制结合在一起[3]。

每一个气泡都有能力引发意识感觉，对此我们大概很难转过弯来；这违背了我们的直觉，即个人意识具有整体性。我们和我们的直觉出了什么问题？我们忽略了幻觉的部分，这是我们常犯的错误（因为左脑中强大的推理机制）。

The Consciousness Instinct

事实上，我们忽略的不是幻觉；真正的疏忽在于，我们那流畅连续的意识体验本身就是一个幻觉。它其实由许多认知气泡组成，通过皮层下的“感觉”气泡连接在一起，再由我们的脑利用时间线将之缝合为整体。

气泡的背景

在生物学的各个领域，都存在这么一个经典的研究主题。生物体是从环境中学习和获得行为指令，还是说生物体既有的系统负责管理其对环境刺激的反应？这场关于“选择还是指令”的争论持续了多年，并且在免疫学领域获得了额外的关注。简单来说，陌生的物质进入机体引发免疫反应，抗体是否是在外源物质出现以后才在其周围产生，从而发挥作用（发出指令）？还是说抗体此前已经存在，免疫反应自行把握寻找已有抗体所需的时间（选择）并将其启动？在20世纪，生物学发现后者才是正确答案，这个发现表明生物体有很多能力是与生俱来的——我们的身体和脑存在“出厂设置”。

百家争鸣

杰尼

学习不过是脑在花时间整理自己那数量庞大的回路，以便寻找一个最适合处理当前问题的方案。

丹麦免疫学家尼尔斯·杰尼（Niels Jerne）于1967年提出了一个在当时看来十分惊悚的理论：免疫系统的规律可能在脑中也成立。他认为，我们所认为的“学习”，其实是脑中既有的回路通过环境选择发挥作用的过程[4]。在这个具有强烈自然主义风格的观点中，学习不过是脑在花时间整理自己那数量庞大的回路，以便寻找一个最适合处理当前问题的方案。

在这场事关重大的辩论持续进行的同时，大家都同意脑中的确有一些特定功能的神经回路属于“出厂设置”。例如，只有 6 个月大的婴儿已经能展现出因果推断的能力[5]。当新生儿第一次发出嗷嗷待哺的哭声时，皮层下回路的功能就已显现。

The Consciousness Instinct

在气泡的比喻里，气泡指的是回路加工的终产物，它们能够持续不断地应对并处理来自环境的挑战。这些加工过程既包括大脑皮层活动也包括皮层下活动。

在详细讨论皮层下气泡之前，让我们先来看一个强有力的实验。

钟楼里的蝙蝠

不管结果是好是坏，托马斯·内格尔提出的那个臭名昭著的问题——“成为一只蝙蝠会是什么样？”[6]，的确让哲学家苦恼了 40 年之久。事实上，这个问题应当被表述为：“蝙蝠拥有的气泡是什么样的？”也就是说，蝙蝠意识的内容是什么？我们也许永远不可能完全体验到蝙蝠的意识，但我们可以观察一个孤独的人类脑半球到底拥有怎样的内在。脑充满气泡，当一个脑被一分为二，每一个半球都拥有自己的一套气泡。我们现在已经知道，每一侧大脑半球都拥有自己独特的气泡，那么，有没有可能它们的意识体验也存在差异？要想理解这个概念，不妨来思考一些我们没有的气泡。例如，我可以告诉你，我没有关于抽象数学的气泡；因此，每当课堂上出现公式，我就会充满挫败感。我无法告诉你理解高度抽象数学知识的感觉，尽管我希望自己能做到，我也敢打赌那感觉一定很棒！

麻省理工学院的丽贝卡·萨克斯（Rebecca Saxe）在一系列有趣的研究中发现，人脑右半球存在一个特定的硬件机制，似乎专门负责确定他人意图[7]。当我们在与他人互动时，我们时刻不由自主地评估对方的心理状态和行为意图。这是一个相当自动化的过程。孤独症儿童似乎在某种程度上缺乏这一能力，导致他们出现社交障碍。正如我在前面所讨论的那样，用正式的心理学术语来说，这叫作拥有心理理论。萨克斯使用现代脑成像技术，发现右半球中的一个脑区负责这项能力。你也许已经猜到了，这个发现又引出了一个新的问题。由萨克斯的发现可以推测，裂脑病人的左半球也许无法与负责为我们的认知添加心理理论的模块进行沟通。没有心理理论能力的左半球会是什么样的？

我曾经的学生、现在的同事迈克尔·米勒和杰出的哲学家沃尔特·辛诺特－阿姆斯特朗（Walter Sinnott-Armstrong）合作，共同研究了萨克斯的发现在裂脑病人中的意义[8]。他们希望确定两侧大脑半球在评估道德问题时是否不一样。再强调一次，根据萨克斯的研究，裂脑人的一侧半球（右半球）或许拥有负责思考他人心理活动与意图的模块，而另一侧半球（左半球）没有。半球分离后，左半球是否会表现得不一样，即它不再拥有一个能评估他人心理状态与意图的模块？

道德哲学家喜欢用伦理主义与功利主义间的矛盾来研究道德困境。用简单的话来说，就是：“我们在解决困境时，是应该考虑何为正确、何为道德，还是应当保证整体利益最大化？”有很多方法可用于描述这种分裂关系，也有很多方法可以用来衡量一个人的思维方式是更偏向伦理主义还是功利主义。在一系列设计精巧的测试中，病人聆听了很多关于主人公做了一件坏事却换来了一个无害结果的故事：比如一个秘书为了把老板扳倒，向他的咖啡里下毒，但她不知道的是，她下的毒药其实是糖，老板喝了以后毫发无损，你能否原谅这种行为？或者，一个人做了一件对自己来说完全无辜的事，却给其他人带来了生命危险：比如秘书以为自己加的是糖，但那其实是一个药剂师无意留下的毒药，老板喝完咖啡死了，你能否原谅这种行为？听完故事后，病人要做的很简单，就是判断主人公的行为是“可被原谅的”还是“应当被禁止的”。

不用说，大多数人会认为，不管结果如何，坏心眼的行为都是应当被禁止的。从这个角度来看，大多数人是伦理主义派。同样，大多数人会认为没有恶意的行为是可被原谅的（虽然也有人不同意），即使结局是个悲剧。裂脑病人的选择非常独特。似乎会“说话”的左半球起初会对所有故事给出一个功利主义的回答。因此，如果一个恶意举动没有产生伤害，就会被判断为“可以原谅”。如果一个没有恶意的举动产生了伤害，会被判断为“应当被禁止”。测试中的故事情节都很清晰，因此这种表现很不寻常。为什么会这样？被割裂的左半球无法将故事中人物的意图纳入考虑范围，就好像它没有心理理论。

接着，病人会频繁地主动解释他们为什么会选择功利主义而非伦理主义的选项。他们似乎“感觉”自己的判断不是很好，并时常试图为自己的选择寻找合理的理由，即便没有人让他们这么做。记住，左半球有自己的解说者，即一个负责解释它所观察到的身体行为以及所感受到的情绪的模块。并且，对一侧半球体验到的事件产生的情绪反应可被两侧半球共享。如果情绪产生自右脑的体验，左脑不知道自己为什么会产生这种情绪，但还是会对之进行解释。因此，当右脑“听到”左脑的回答（尽管右脑的语言能力有限，但还是能在一定程度上理解语言），它和我们一样感到震惊，从而产生了与左脑所认为的合理回答不相符的情绪反应。这样一来，严重的冲突出现了，毫不意外地，左半球中的特殊模块（即“解说者”模块，随时准备对静默失联的右半球发出的行为指令进行解释）开始插手，试图解释当前的状况。例如，在一个故事中，一名服务生给顾客上了芝麻，以为这样能诱发严重的过敏反应，但其实并不是这样。病人 J.W. 判断这名服务生的行为是“可被原谅的”。没过多久，他主动补充道：“芝麻那么小，所以不可能伤人。”

在我的比喻中，气泡指代的是一个层级化结构中的模块或模块组的加工终产物。在裂脑病人脑中，负责评估他人意图的特殊模块被割裂，独立于会说话的左半球。这就导致该模块的加工产物无法浮出表面参与意识活动，或与左脑的决策过程竞争。如果它不在左半球，就无法和其他能获取语言与谈话能力的气泡一样，参与这个活跃的过程。因此，对他人意图的理解能力就诡异地消失了。但是，中脑情绪加工产生的气泡能够抵达两侧半球。当右半球听到左半球的回复、产生一个情绪感觉并被两侧半球共享之后，左半球这才发现存在某种矛盾。于是判断加工机制开始启动。左半球同样储存有过去整个人生中关于自己成长所属文化的道德准则的记忆，并能用这些记忆进行判断。

我们这里所说的，其实是关于脑中特定模块对心理世界的微妙管理。左半球拥有负责抽象思维、语言编码等功能的模块，但没有考虑他人意图的模块。然而它具有强大的推演能力。如果结果是好的，它就会判断手段也是好的。因此，如果结果还不错，那么行为就是可被允许的。对大多数人来说的最优解就是件好事。在这些发现中最离奇诡谲的一点在于，如果负责考虑他人的模块丢失了，人很有可能无法通过学习掌握这项技能。

如果只有右半球会怎样

如果你突然丢失了左半球，会发生什么事情？你的意识体验会发生什么改变？记住，你不会意识到自己发生了什么变化，因为你并不会惦记左半球中的模块。这是真的。但是，你还是丢失了自己的言语中枢以及交流和理解的能力，这是一个剧变。右半球只能掌握有限的理解能力和词汇量。不过，最明显的变化应当是你的推理能力的消失。这项属于左脑的能力很常用，一旦消失就会让你对世界产生完全不一样的体验。你理解他人有自己的意图、信仰和欲望，你也会试图猜测其具体内容，但是你再也无法推测原因和结果。你无法推测为什么别人会生气，或是理解他人信念产生的原因。你在社交时常常会陷入误解状态，让双方都感到不愉快。但是，推理能力的消失不只影响社交活动，你完全无法推断因果关系。你不会知道邻居生气的理由是你忘了关门让她家的狗跑了，你也不会知道狗之所以跑了是因为你没关门。你的车没法点火启动，你不会知道这是因为你忘了关收音机[①]。

你或许擅长处理空间关系，但你无法理解物理学的因果关系。你无法推断任何隐藏的因果力量，不管是万有引力还是神力。例如，你不知道一个球动了是因为它被另外一个球撞了，但也因为不会推理，你在拉斯维加斯赌场

① 电池用光了。——译者注

的表现反而更好。你不会妄图推测输赢之间除了随机以外的因果关系，也不会押上你家房子做赌注。你不会迷信什么幸运领带、幸运袜子、幸运动作。你不会编造理由解释自己的行为或感受，不是因为你无法说话，而是因为你无法推断因果关系。你不会成为一名伪君子，为自己的行为寻找合理的理由。你也不会推测事物的含义，而是按照表面意思理解一切。你无法理解比喻或抽象的概念。没有了推理能力，你不再会有偏见，但无法推断因果关系也会让学习变得更困难。两侧大脑半球中如气泡一般浮现的加工结果决定了半球意识体验的内容。

感受变了还是记忆错了

我们都有过这样的渴望，希望回到那个自己在世界上最喜欢的地方，在那里我们曾经享受生活，充满了快乐的回忆，我们决意要回去，再次感受那段时光。但是，当我们真的回去了，一切都不一样了。我们的感受不再一样，无关好坏，只是不一样了。

最近，我和妻子回到了拉韦洛[①]，过去我们曾觉得这里充满魔力。美丽的自然风光还在。小镇的历史、文化以及最重要的是，这里的人都没变，但我们的感受却变了。这一切似乎和我们曾经体验到的感受不匹配。难道我们的记忆出错了吗？还是说我们对生活整体的感受变了，而这种变化影响了我们当下的体验？

通常我们对过去经历的理解是特定的感受对应特定的事件。感受本身与

① 意大利小镇。——译者注

实际体验是绑定的，因此我们会期望通过复制体验来复刻感受。你在某地度假时感到很开心很兴奋；如果再去一次，你一定还会感到开心和兴奋。这或许就是为什么人们会购买分时共享的公寓房。第一次去的时候很棒，那么第二次、第三次呢？重复同一事件，我们会期望自动收获同样的感受。但我要说的是，这无法做到。这不是正确的理解方式。

我们在过去体验到的梦幻时刻，如今以关于过往事件的信息的形式储存在脑中。它加入了我们的记忆，这其中仍有很多我们未能研究清楚的机制，但可以确定的是，它是一种符号信息，冰冷、正式，就好比 DNA 也是一种符号信息；并且，和 DNA 一样，它也有物理结构。这个信息结构的内容或许包含该事件与正向感受之间的关系，但被保存的不是感受本身，而是关于感受的信息。当一段记忆浮出水面，一同出现的还有我们当前对这段记忆的感受。这些感受来自另外一个系统的加工，独立于记忆系统。简单来讲，我认为将情绪维度剥离开来，就能看到不同的系统在同一个时间点汇聚，从而产生关于记忆的感受。打个比方，就好像一个戏剧化电影片段的背景音乐，电影画面和音乐是分开的，但当二者同时出现时，音乐就为电影画面增加了情绪。

The Consciousness Instinct

当一个气泡后面紧跟着另一个气泡，我们就会对记忆中事件的感受产生错觉。

所以我们有记忆气泡和感受气泡。当我们想到过往时光，我们的感受并不是对过往时光的感受本身；它们其实是我们当前的感受，被我们投射至过去。它们通常也是正向的，但感受本身不再与过去的记忆绑定。如果当前的感受与过去的感受相反，这种关系就更为明显。例如，如果你回忆起自己在大学时收到考试不及格的消息，你的记忆告诉你，你当时感觉很不好，对吧？但是，假设因为这次不及格，你冲进教授的办公室寻求帮助，结果你对这门学科产生了浓厚的兴趣，最终在这个领域开启了你的事业。当你回想起不及格事件，现在的你知道后面的故事，就会以一种积极的方式看待它。理智的回忆告诉你当时感觉糟透了，但你无法重新体验那种感觉。相比之下，尴尬感受就很难转变视角。当回忆起过去遭遇的社交事故，你或许仍会羞红脸。不过，有些时候，你还是会嘲笑或是不认同那些让年轻（青春期）时的你感到尴尬的事情，比如在免下车餐厅藏在汽车后座底下，生怕被别人发现你和爸妈在一起。我当时怎么会做这种事？现在想起来我并不会脸红，或是会因为完全不同的原因而脸红。

产生原始感受的模块和那些产生思想、记忆、判断等等的模块不同。我们在经历某一事件时产生的感受会成为我们关于该事件记忆的一个元素、一个维度、一段信息，我们能对之进行标注和神经编码，并收纳入我们的记忆。

但是，实际的体验来自脑中另一个完全不同的地方。再次造访时，它所处的神经背景可能与前次造访不同。每次都是这些神经背景驱动了你对此次造访的感受。第一次造访可能包含未知事物的挑战、好奇心和冒险，你当时更年轻，还可能有肾上腺素的作用。再次造访时，你年龄更大，生活经验更丰富，目的地也已熟悉；这里不再那么具有挑战性，不怎么能挑起你的好奇心，你或多或少地知道自己会遇到什么，肾上腺素也分泌得更少。你感觉不一样了，不是说更差或更好，只是不一样了。不仅是重返某些地方时会这样，当你试图重演任何过往经历时，都会发生同样的事。尼尔・杨（Neil

Young）对此描述得十分精准："我仍试着成为那样的人，但你知道，我不再是二十一二岁……我不能确定自己还能重新创造出那种感觉，这与我的年龄有关，与世界环境有关，与我刚刚做完的事情有关，与我接下来想做的事情有关，与我一同生活的人有关，与我的朋友是谁有关，与天气有关。"[9]

我感故我在

几年前，史蒂芬·平克①发现："意识问题的某些特质使得人们变得像《爱丽丝镜中奇遇记》中的白皇后，在早餐前想通六件不可能的事情。动物真的大多数是没有意识的——就像梦游者、僵尸、机器人或是昏迷状态？一条狗难道没有感觉、爱意和激情？如果你掐它们一把，它们不会感到疼痛？"[10] 贾克·潘克斯普与平克观点一致，认为否认这些就是相信不可能的事情，并且反对笛卡儿，认为他否定动物有意识的观点实在离谱。不仅如此，他还认为，如果笛卡儿在提出"'我'所认识的这个'我到底是什么？'"这个问题时，如果能直接回答"我感故我在"，就能为我们免去很多麻烦，并将认知排除在主观体验的公式之外。潘克斯普大概会同意帕蒂的观点，因为笛卡儿之后的所有人在研究神经系统如何产生主观的、有感情的体验时，所选择的研究对象都高悬在进化树顶端[11]。

潘克斯普提出，当情绪这一进化历程久远的系统跟划定"自我"与外部世界之间的界限的这一最初的神经"身体图谱"建立联系后，主观的、有感情的体验就诞生了[12]。身体图谱的形成需要来自身体内部和外部的信号能够

① 史蒂芬·平克是世界顶尖语言学家和认知心理学家，如果想了解他对意识问题的更多思考，可以阅读《心智探奇》一书，该书中文简体字版已由湛庐引进、浙江人民出版社 2016 年出版。——编者注

被映射至脑中相关的神经元。他认为，主观体验包含两个要素，即关于个体内部与外部状态的信息（以符号形式记录），以及建造一个关于空间中个体状态的完整神经模拟：一个简洁粗糙的模型，通过神经元放电形成。信息与建造，这与我们在 DNA 中见到的互补类似。高级认知功能，或者说知道你有“自我”（即“自我意识”），并非一开始就存在。比如，在环境中安全高效地活动，在饿的时候吃饭等，你不需要知道你有自我意识，但你需要知道你身体的边界与周围空间的关系。如果你不知道二者的界限，你就会不停地撞上东西，或是在各种事情上做出错误的判断，从舒舒服服地躺进窝里，到在岩石之间跳跃。你也需要正确的动机，使你能够生存繁衍。也就是说，你不需要高度进化的皮层中产生的加工气泡来觉察主观体验。笛卡儿只需通过来自皮层下结构的信号就能感受到他是一个“我”；他不用“我思”就能“我在”。

事实上，即使是昆虫也需要关于身体在空间中的信息，以便能安全高效地运动。我曾经被无数苍蝇打败，让我的苍蝇拍形同虚设。澳大利亚麦考瑞大学的生物学家安德鲁·巴伦（Andrew Barron）和神经科学哲学家科林·克莱因（Colin Klein）开始研究昆虫的脑中世界，并发现了一个名为中央复合体的结构，其功能类似脊椎动物的中脑，能够产生“一个统一的、关于昆虫在环境中状态与位置的空间模型”[13]。也就是说，蟑螂、蟋蟀、蝗虫以及蝴蝶、果蝇和蜜蜂的脑中自我空间定位的功能，与脊椎动物中脑的功能类似。简而言之，控制复杂系统完成行为所需机制是复杂生物体所共有的特征。昆虫有，我们也有。巴伦和克莱因与潘克斯普和默克达成了共识，总结道：“这种以动物视角形成、统合的、自我中心的世界表征足以形成主观体验。”他们还认为，这种在空间中对身体的觉察能力对他们研究的昆虫来说完全够用，表明这些昆虫可能也拥有某种形式的主观体验，这种能力存在于脊椎动物与无脊椎动物的共同祖先身上，可以一直上溯至 5.5 亿年前的寒武纪生命大爆发。

他们并不是唯一进行这种尝试的学者。亚利桑那大学的神经生物学家尼古拉斯・斯特劳斯菲尔德（Nicholas Strausfeld）和伦敦国王学院的弗兰克・赫斯（Frank Hirth）也开始研究进化树的另一条枝杈。他们广泛综述了脊椎动物基底神经节的解剖学、发育学、行为学及遗传学特征，并将其与节肢动物（昆虫也属于这一分支）的中央复合体进行比较。他们发现了许多相似之处，并得出结论，认为节肢动物的中央复合体与脊椎动物的基底神经节回路有共同的祖先[14]。事实上，这两个结构都源自一个进化上保守的基因程序。也就是说，行为选择的关键回路产生自非常早期的进化阶段。我们脊椎动物与节肢动物的祖先已经能够使用这种回路四处游走，关于位置和感觉的信息加工气泡不断涌现，指引它们的行为。斯特劳斯菲尔德和赫斯甚至提出，二者脑结构的共同祖先均可进行现象体验。他们的观点或许有些夸大，但他们的研究工作的确提示我们，我们在人类中发现的基本机制可能非常保守。这就是进化论和比较学研究的魅力。我们原以为，心理世界的某些方面是人类脑的独创，但事实上，它们可能已经存在了很长一段时间，只不过被人脑打磨得更精致了一些。

气泡是有序还是混乱的

我们的意识体验是一种连续顺滑的思想感觉流。既然有这么多气泡在争夺出场权，这又是如何做到的呢？气泡的出现是随机的，还是某种动态控制系统的产物？是否存在一个控制层级，负责给一些气泡放行，同时阻挡其他气泡？

模块加工受到的控制之一来自其所接收的输入信息。打个比方，你吃了一块没加糖的巧克力松露，因此，负责检测甜味的细胞不会激活传入神经（从外周到脑的神经），负责加工这种感觉的模块也不会被激活，因此你尝不到任何甜味，也没有甜味信息被加工。相反，检测苦味的味觉细胞被激活，让你满嘴都是苦味。苦味信息被加工。把这个没甜味的巧克力换成一个外观上一模一样的牛奶巧克力，很快你的甜味模块就被激活工作，甜味气泡浮上你的知觉层，就像看到有房子着火一般，以压倒性优势击败了苦味气泡。此时苦味仿佛成为一段遥远的记忆，在当下的时刻甜味才是主宰，直到下一个气泡出现。这里不需要任何认知功能。甜味信号赢得了这场气泡大赛。那么，它有没有获得场外援助？

从螃蟹[15]到鸟类[16]再到灵长动物[17]，我们在许多动物中都发现了某种形式的选择性信号增强机制，表明这是一种被我们最后一个共同祖先所共有的能力，大概可以回溯至5.5亿年前。最早的“数据控制”能力是注意力的雏形，这是一个帮助管理感觉信息对侦查细胞发起猛攻的机制。信号增强机制在进化早期出现，帮助生物体在信息轰炸中判断哪些才是与生存最相关的（最好优先考虑那些关于临近的危险、食物和配偶的信息），这种机制在所有生命形式中保守存在，而一切的开端就产生自这个早期的生物体。

澳大利亚阿德莱德大学的史蒂文·魏德曼（Steven Wiederman）和戴维·奥卡罗尔（David O’Carroll）发现，现代蜻蜓的脑中存在一个视觉神经元，能够锁定一个类似猎物的视觉信号并对之进行追踪，同时完全无视其他信号[18]。这个发现非常有趣，不仅因为它展现了蜻蜓也具有视觉注意所必需的某种竞争选择机制，还因为这个选择注意过程是由单个细胞完成的。在脊椎动物中，选择性信号增强进化为我们所说的注意，这是一个复杂的机制，能够控制输入信息，从而控制我们的心智活动。因此，我们能够全神贯注地观看一部精彩的电影，但当火警响起时，我们的“数据控制”系统能够很快增强这一刺耳的输入信息，让我们从电影中回过神来并采取行动。

不过，尽管选择性信息增强能够在一定程度上控制我们的心智，我们的心智也能在一定程度上控制我们的注意。我想说的是，注意存在两个成分，一个自下而上的成分和一个自上而下的成分。如果你知道以前没见过真人的约会对象在头上会戴一朵红花，你的眼睛就会四下查看周围人的发型，而不是其他信息。你的注意是自上而下的，“寻找一个不认识的约会对象”这项计划引导了你的注意。在生存竞赛中，自下而上的注意并不能帮你走多远。那些发展出自上而下注意的个体获得了优势，也使得这种能力变成常态。自上而下的注意能力在鸟类和哺乳动物中高度发展，它们的共同祖先生活在大约 3.5 亿年前，因此这项能力的历史至少也有这么久，但在进化上比自下而上的注意出现得更晚。它是一个扩展程序：一个新的层级。

又一次，帕蒂对这种新层级的进化方式提供了很好的建议。一个层级的失败是新层级出现的基本推力或条件：

> 当系统无法形成一个表征或描述以应对特定情境，就相当于出现了一个权力真空，或者说决策真空。我会将之称为某种不稳定性，需要做决策，决策过程却不存在。系统就此出现模糊性，此时小的因也能产生大的果。也就是说，系统出现了危机，便会产生新的行为类型[19]。

因此，系统复杂度提升后，需要某种控制层级来处理这些庞杂的独立刺激及其产生的行为。刺激增强机制的确好用，但系统仍需要一个控制层级来协调这些活跃的模块。

一个著名的控制层级故障案例

正如我在前文中所讨论的那样，右侧顶叶损伤的病人会忽略左半视野，就连想象与记忆中的左半视野也消失了。这一著名现象最早是由伟大的意大利神经心理学家爱德华多·比西雅克（Edoardo Bisiach）发现的[20]。简单来说，他让病人凭记忆从不同视角描述米兰的大教堂广场。那是一个风景优美的景点，广场两侧各有一排建筑，尽头是大教堂。所有米兰人都能轻松地回想这个景象。

当他让病人想象自己面朝大教堂正面并描述场景，病人完成得很好，但他们只会描述广场右边（即北面）的建筑，而不会描述左侧（南面）的建筑。接着，比西雅克让他们想象自己转向180度，站在教堂前面的台阶上，然后描述广场的模样。还是同一批病人，他们很轻松地描述了从教堂视角看到的右侧（南面）建筑，却对左侧（北面）建筑只字不提，尽管他们刚才已经从另一个视角描述过了！

这个神奇的临床案例揭示了两个完全不同的模块的存在。很明显，负责产生想象画面的模块功能正常，所有的信息也存在，但这些模块受另外一个模块控制，后者负责评估决定到底汇报哪一侧空间的画面，而它出现了故障。几年后，神经科医生丹尼斯·巴布特（Denise Barbut）和我有机会在纽约医院研究了一个右侧顶叶存在类似损伤的病例，成功重复了比西雅克的发现[21]。

进化使意识变得丰富

在考虑意识问题时，我们似乎忘记了一个事实，即我们的大脑通过不断增加复杂性来完成进化。

The Consciousness Instinct

在进化过程中，模块和层级不断增加，以解决一个又一个扰动因素，我们的意识体验内容也随之不断变化、丰富。每一个层级都有自己关于加工与向下一层级传递产物即它的加工气泡的规则。从一个层级到下一个层级，模块内部的加工看似是串行的，但其实有很多模块在平行运作，每一个模块都在向外吐气泡，最终被意识所觉察。

在这个关于气泡的比喻里，每一个时间点内都有不同模块的加工结果出现在我们的意识觉察中。很有可能存在一个控制层级，它拥有一套遵循随机规则的工作协议，负责增强特定气泡，这些规则之所以被选择，是因为它们能够为意识内容提供最可靠、最适合当前状况的信息。如果出现更好更可靠的规则，工作协议也可以随之改变。例如，假设有一个关于信念的气泡出现在你的意识里，使你相信饱和脂肪是不健康的，吃了会长胖。你相信你应该将这部分高热量的食物替换成碳水化合物。你之所以相信这个，是因为公共健康专家、营养学家和你的医生都这么说。你在采购食品时，气泡出现，指引你拒绝饱和脂肪。就在这时，你观察到了一个现象。你的经验并不支持官方的观点。你用碳水化合物替代的脂肪量越多，你长得越胖。接着，你读到了一本书，作者综述并评估了这一观点背后的相关研究，发现大多数研究算不上好的科学研究，不仅如此，还有一小部分研究没能证明这一观点。事实上，这些研究表明相反的做法才是正确的[22]。你被说服了。你买了黄油和奶油并吃光了。你的体重减轻了。在食品店里，奶油气泡赢得了胜利。一个更好更可靠的规则出现了，工作协议从而发生改变。这个新规则还能让你来杯更好喝的咖啡。

重要的是，鸿沟、模块和层级能够帮助我们理解脑损伤患者的行为。如果我们失去了负责加工某一类信息的神经阻滞，这一部分信息就不会再出现在加工气泡中，从而不再能为我们的意识体验提供内容。同样，当右半球与左半球分离时，一侧半球无法获得对侧半球产生的气泡，更不能用这些气泡丰富自己的意识体验，使得两侧半球的意识体验都变得更为贫瘠。

第 10 章 意识是一种本能

一个人眼中的“魔法”可能是另一个人手中的工程学。

罗伯特 · 海因莱因
美国科幻作家

回到我的青春时代，当我刚成为加州理工学院的一名本科生时，我和政治哲学家威尔莫尔 · 肯德尔（Willmoore Kendall）成了好朋友。他是典型的破坏型人格，极其擅长激怒对方，以至于耶鲁大学的行政部门给了他好大一笔钱，就是为了让他辞职。肯德尔的回应颠覆了他们所有的常识，然后头也不回地去了西部。大西部对他来说并不陌生，因为他出生在俄克拉荷马州的科纳沃，父亲是一名盲人牧师。离开耶鲁大学后，他最终在达拉斯的一家小小的耶稣会学校安定下来。他对生活充满野心，是一个有着坚定自我的男人。约翰 · 肯尼迪在达拉斯遇刺的那一天，我接到了肯德尔打来的电话。他说：“这是我第一次在美国总统讲过话的地方吃午饭。我怎么就没想到会有事情发生？”

肯德尔一直刺激我的思想，因为在他眼里，我就是个头脑发疯的现代还原论主义受害者。无论当时还是现在我都坚信物理机制能且将解释几乎一切现象。大体来说，当哲学家开始分析基础理论时，实验科学家就会变得眼神呆滞。作为肯德尔的争辩对象，我压根儿无心恋战，甚至几乎注意不到问题的存在。他来帕萨迪纳玩的时候总借住在我的公寓，因此决定回报我，方式是给我上课。他让我阅读迈克尔·波拉尼的经典著作《个人知识》（*Personal Knowledge*），该书是在波拉尼于 1951 年发表的吉福德讲座的基础上写就的。我的确读了。从那以后，这本书在我的脑海和书架一直占有一席之地，跟随我跑遍全国。

肯德尔曾经对我说，波拉尼是一个真正的博学大师。1916 年，他因病假离开了塞尔维亚前线，此前他是一名军队医生，病假期间，他完成了自己在化学专业的博士学位论文。他在曼彻斯特大学从事物理化学方向的工作，但他兴趣广泛，涉足经济学、政治学和哲学，以至于学校为他在社会科学方向也设立了一个职位。“你知道的，”肯德尔如此评论道，“他每天用 12 种不同的语言回信。”作为时代的巨人，波拉尼的大本营在英国，但他是芝加哥大学的定期访问讲师。读过他的书后，我终于意识到了一个残酷的问题，那就是针对局部的知识有时并不能帮你了解整体，还有其他某种机制存在，还有某种缺失的元素，我想正是这个想法为后来被我称为“芝加哥学派”的理论打下了框架，即一个关于大脑加工的独特视角。

这个缺失的元素是机械比喻的产物，这个比喻在笛卡儿之后一直处于统治地位，并被生物学家全盘吸收。芝加哥大学的科学家们意识到，传统决定论中将生物比喻为机械的经典做法其实是一种倒退。大脑和机器不一样，机器像大脑缺失某种元素之后的状态。波拉尼指出，人类通过自然选择进化，人类又制造了机器。它们只是一个高度进化的生命物质的产出，是进化的终产物，而不是进化的起始。

芝加哥学派提出了一个观点，即生命起源依赖两个互补的描述模式，而不仅仅依赖由经典物理学提供的描述，尽管后者对机器来说非常完美。帕蒂如此总结这个观点：“如果仅依赖这种经典的描述，或是用这种经典的方式完成内部记录，生命就不可能存在。”[1] 这一理论最早来自罗森，早些时候，罗森曾用一个问题颠覆了过往思想：“为什么不可能是这样，物理学只对一小部分特定的（极其重要的）物质系统来说是‘普适’的，而生命体对这个类别来说过于宽泛，以至于无法被列入其中？有没有可能物理学具有局限性，生物学才是普遍原理，而非反之？”[2]

波拉尼和理论生物学家尼古拉斯·拉舍夫斯基共同发起了针对单纯还原论主义的挑战，尽管后者看上去不像对抗还原论的战士。拉舍夫斯基原本研究的是基本生物现象的物质基础，促使其改变的契机是在一次聚会上，有一个生物学家告诉他没有人知道细胞是如何分裂的，而且也不可能有人知道，因为这属于生物学，在物理学的管辖范围之外，这彻底激怒了拉舍夫斯基。在 20 世纪三四十年代，他在这个领域完成了海量的工作，并开始逐渐感到不安。他的学生罗森描述道：“他向自己提出了一个基本的问题：‘生命是什么？’并和现代分子生物学家一样采用还原论视角开展研究。问题在于，通过研究生物体的各个独立功能，以及用不同的模型和形式研究功能的不同方面，他在某种意义上忽略了生物体本身，并且没办法重新回到它们身上。”[3] 他发现：“对生物体的分离描述（如模型）无论有多么详尽，都无法被拼贴起来用于描述生物体本身……要想达成这一目标，就需要某种新的原则。”[4]拉舍夫斯基将这个寻找新原则的学科戏称为理性生物学。身为芝加哥大学的毕业生，我的导师罗杰·斯佩里也为这个目标完成了大量工作。正如我们所见，这些思想对霍华德·帕蒂影响颇深，也正是他将这一理论派系发展起来。

这段芝加哥往事传达了一个令人苦恼的信息：我们在研究生命体时，还需要考虑另外某个元素。机械论思想没有问题，它帮助我们理解了生物体存在所必需的那些时刻运作的零件和自动加工的层级。但是，这还不够，还有另外一个元素需要我们去理解，一个切切实实存在于系统当中的元素，是系统或者生命体本身控制底层层级产生了这个元素。这就是“生命是什么”的答案。

正如罗森所指出的那样，科学总喜欢强行替代所研究的对象（比如建模）。针对这个替代物，科学家们能够使用各种各样的还原论科学研究方法，来研究零件的运作机制。这里的前提假设是替代物能够取代真实的物体。但是，对替代物的研究结束后，科学家们试图将研究成果应用于真实物体时，通常会遭遇滑铁卢。例如，在显微镜下的培养皿或试管里研究胰腺是一种办法。它能告诉我们胰腺的局部工作原理。但是，只有将胰腺与身体其他部分连接起来，你才能真正理解它的功能，以及它如何与其他器官协调合作，又是如何被另一个系统调节——对胰腺来说，这个系统属于小肠。胰腺的功能与小肠的功能紧紧绑定，但这之前一直不是一个问题，直到外科医生开始为过度肥胖的病人做胃箍手术并发现病人的糖尿病一夜之间消失了。

The Consciousness Instinct

对神经科学来说，脑的替代物一直是“一台机器”。将脑看作一台机器，就会忽略互补原理以及其对理解脑功能的影响。

斯佩里用另外一种方式阐释了脑。他提出我们的心智功能具有实体，并且是最终引向行为的一系列因果关系中的一环，这个观点让还原论者无比抓狂，就如我们在第 3 章所看到的那样。但是，他并不认为心智事件（如思想）是非物质的事件，或者说是系统中的幽灵。他认为心智事件是神经回路构造属性的产物。这背后的回路既具有物理结构，也具有符号结构。它决定了自身所创造的东西，即心智事件——就像帕蒂所说的，物理符号控制建造过程。简而言之，斯佩里认为生物体参与了对自身命运的掌控过程。从这个观点来看，即便你已经对你大脑的当前状态或者说初始状态了如指掌，你也无法预测自己未来的心智状态会如何以自上而下的方式影响你的自下而上的加工。那些初始状态无法告诉你从本周三算起的一年之后，你将在哪里和谁一起吃晚饭，晚饭会吃什么。了解关于一个新生儿大脑的一切，也无法让你预测 45 年后的某一个周二这个孩子会做什么。事实上，极端的决定论者可以说是愚蠢的，就如“薛定谔的猫”所展现出来的问题一样。

反直觉的大脑设计原则

在这段关于意识问题的人类思想及研究简史中，我们能看到许多含糊其词的地方。笛卡儿提出了一个观点，认为“脑是一台机器，能够通过拆解的方式进行研究”（这也是任何一种科学研究的必要条件），在这以后，还原论的坚定信仰者掌控了大局，直至今天，这依旧是神经科学的主流观点。

The Consciousness Instinct

> 而我所说的芝加哥学派打断了这种势头，提出了另外一种可能，将生命的可进化属性纳入考虑范畴，并强调机器是人类大脑的副产物，而非大脑是机器的副产物。

有生命的物质是不同的。直接地说，其差别在于，生命不仅仅是经典物理交互的奴仆，而是被赋予了某种内在的随机性。这种随机性来自物理且随机的符号信息，位于认知断面更美好的那一端。

随着裂脑研究的早期研究成果逐渐被人熟知且日益发展成熟，遗留问题就变成了它如何帮助我们理解意识。当我以裂脑现象的发现者身份介绍给著名的实验心理学家威廉·埃斯蒂斯（William Estes）时，他对我说："太棒了，现在我们不理解的东西变成了两个。"这个问题一直困扰着我，就像波拉尼关于局部不能解释整体机制的论述。局部与其合作形成功能的过程都是真实存在的，我们需要一个更复杂的解释来阐明这些事实对意识问题的贡献。

在过去的几十年间，人类已经投资了数十亿美元来研究不同的脑区及其连接方式。但是，我们无法从局部得出对意识的整体解释，即便现代脑科学研究告诉我们，特定的解剖区域对应着不同的认知功能。这些研究提供了更多关于脑的事实，却未能解释脑中的加工过程如何在实现各种功能的同时产生意识。这种从结构到功能的研究手段帮助我们理解大脑如何分解种种特定功能，但无法解释电化学反应如何被转化为生命体验。我们已经知道，结构与功能是两个互补的属性：一个无法解释另一个。如果你不知道一个神经元的功能是什么，你再怎么观察它的结构也无法参透这一点。反之亦然。如果你知道一个神经元的功能是什么，你也猜不到它会长成什么样。没有先验知识，我们无法从神经元的结构推测其功能，也无法从其功能推测出结构。它们是两个独立的、无法简化的层级，拥有不同的工作协议。

分区域研究脑的伟大事业如今需要拓展思路，同时保持对神经设计的关注。

The Consciousness Instinct

> 如果和笛卡儿及众多先驱者所做的那样，单纯地寻找一个能产生意识的结构，是无法揭开圣杯的真面目的，因为意识存在于全脑。

切除大量大脑皮层并不会消除意识，只能改变其内容。意识不像其他认知功能那样分属某个特定脑区，包括言语的产生与视觉加工，意识是所有这些能力的一个关键元素。正如我所讨论过的那样，关于碎片化意识的最强有力的证据来自裂脑病人的心理世界：当两侧半球的信息传输被切断，每一侧半球都会获得属于自己的意识体验。

尽管意识有多个独立来源这一概念或许并不符合我们的直觉，但这的确是脑的设计原则。一旦彻底理解这个概念，真正的问题就会显现，即理解脑的设计原则如何产生意识。这就是未来脑科学面临的挑战。

最终的观点

当我刚开始下笔写这本书时，我并没有想到自己会得出后来在书中提及的一些观点。不过，有一个诱人的问题是一直存在的：意识真的是一种本能吗？

在经典著作《语言本能》（*The Language Instinct*）[①] 中，史蒂芬·平克为整个科学界敲响了警钟：生物如何能形成心智与脑，二者又如何修饰体验？这本书提供了一个框架，引导我们思考学习的局限性以及心智的局部功能如何从自然选择中产生。平克还敏锐地注意到，将人类的高级特征（如语言）归为本能的做法是多么令人烦闷。

同样，将意识现象囫囵归为本能一列，其中包括愤怒、羞涩、喜爱、嫉妒、羡慕、竞争、社交等等，也是一种容易令人陷入迷茫的做法。我们知道，本能是逐渐进化而来的，使得我们能够更好地适应环境。将意识归为本能的做法相当于，我们认为，这个被我们珍视的人类特质并不是我们这个物种硬件所持的天赋神技。我们如果容许意识是一种本能，就相当于将意识连同它的历史、丰富性、多样性以及连续性纳入泛泛生物界。意识从哪里来？它如何进化？其他生物是否也拥有意识属性？

让我们暂停一下，来看一个基本的问题：本能到底是什么？这个词被用于各种地方，就好像游行时被抛洒得到处都是的彩色纸屑。本能的列表每一年都在变长。这让人不禁觉得，如果能钻进人脑，就会看到一大堆带标记的

① 这本书揭开了语言与心智的奥秘，为我们开启一扇进入人类心智本性的大门，其中文简体字版已由湛庐引进、浙江人民出版社 2015 年出版。——编者注

线，每一根都代表一种本能。人脑的确应当由一大堆乱糟糟的连线组成，它们连接在一起，以完成自己的工作。但是，如果你让一名神经科学家向你展现具有某种特定本能的网络，诸如竞争和社交，得到的回答将是不知道——至少现在不知道。那么，把功能叫成本能到底有什么用？

当你被心智与脑的种种定义和概念搞得晕头转向时，向威廉·詹姆斯求助总没错。至少 135 年前，詹姆斯就写了一篇标志性的论文，题目很简单："本能是什么？"他开门见山地将这个概念定义如下：

> 本能通常被定义为一种行为能力，能产生某种结果，但没有对结果的预期以及对行为表现的预先学习……（本能）是结构的功能相关物。或许可以说，每一个器官的存在都对应着一种能够应用其功能的原始天赋。"鸟不是拥有一个用来分泌油脂的腺体吗？它本能地知道如何从腺体中压出油来，并将油涂在羽毛上。"[5]

这个定义看上去很直接，但也聪明地蕴含了二元论。本能能够利用结构行使功能。使用结构的行为需要某种"天赋"，似乎是平白无故出现的。寻找本能的物理相关物是可行的，但我们如何能够知道它的使用方法？难道是巧合？这个答案不是很科学。鸟是否先有一个按腺体的反射，随后慢慢学会了如何利用腺体？很明显，如果没有油腺，就不会有油，鸟就没机会学习使用油来提升飞行能力。可以看到，自然选择与经验构成了一个圆环，共同产生了我们所说的本能。

鸟类行为可以被这样解释，但能否应用于人类的认知与意识？詹姆斯提供了一种合理的推断：

> 一个复杂的本能性行为可能有一连串的觉醒冲动参与……因此，一头饥饿的狮子开始寻找猎物，是因为它的脑中觉醒了混杂着欲望的想象；它开始用眼睛、耳朵或鼻子追踪猎物，是因为它在一定距离外感知到了猎物的存在；它开始向猎物冲刺，是因为它觉察到猎物因惊吓而开始逃跑，或者猎物已经离它足够近了；它开始撕扯和吞食猎物，是因为它的爪子和牙感觉到了猎物的触感。寻找、追踪、冲刺和吞食，这些都是不同类型的肌肉收缩，引发其中一种活动的刺激无法引发其他活动[6]。

如今，当我阅读詹姆斯的著作时，我意识到其中蕴含一种思想，恰恰符合模块和层级的概念。詹姆斯仿佛在说，本能的结构属性是一个层级结构中的模块。每一种本能都能独立参与某种简单行为，但它们也能合作。单个的本能能够以有序的方式排列，形成更复杂的行为，使之看上去像是某种高级的本能。当本能序列排山倒海而来，就形成了我们所说的意识。詹姆斯指出，基本本能序列具有包含竞争性的动态，能够根据复杂的内部状态产生复杂的行为表现。他甚至还补充了一种符合本能定义的、关于动物体验的描述："所有本能的每一个冲动和每一个步骤都有其充分的独立性，并且能在当下时刻成为唯一的真理和义务。一切都只为了自己。"这听上去就好像很多气泡跟随事件的箭头汇聚在一起，产生了我们所说的意识体验。

哪个气泡在哪个时间出现，这个动态过程无疑受到经验和学习的影响。但是，经验、学习和意识必须是同态的，在同一个系统内运作。一旦以这种方式思考意识现象，我们就能看穿意识体验的本质：大自然母亲的把戏。

The Consciousness Instinct

将意识看作高度进化的本能（或是一整个本能序列），能够让我们知道去哪里寻找意识在这个冰冷无机的世界中的起源。

它打开了我们的思路，让我们认识到意识体验的各个方面是人类所拥有的本能的体现，而这些本能背后的机制和能力产生了我们所能感受到的意识体验。值得注意的是，在过去数年，不同领域的生物学家以一种惊人的方式合作找到了苍蝇脑中的 29 个特定网络，每一个网络负责控制一个特定的行为。这些行为能够被灵活地重组，形成复杂的行为模式。没错，我们从果蝇那里学会了意识！如今，寻找本能的物理维度的征途仍在继续[7]。

但是，依旧有很多人憎恶用本能来形容表象意识体验的做法。对他们来说，这一定义否定了人类在动物王国中的独特地位，即只有我们能在道德上对自己的行为负责。人类能够决定自己做什么，因此我们可以选择“做正确的事”。他们认为，如果意识是一种本能，人类就是机器人，或者没有思想的僵尸。不过，如果暂时将量子力学的物理现实与断面及其革命性的符号学功能搁置一边，我们可以说，相信脑、身体、心智等复杂实体有一个可知机制，并不一定会让人得出决定论般的绝望结论。詹姆斯本人曾这样解读这个疑虑：

> 我们对本能的本质形成了简单的生理学概念，现在让我们做一些简单的推演。如果本能仅仅是一个刺激运动的冲动，由于生物神经中枢中已存在特定反射弧，它当然需要遵循所有此类反射弧所遵循的法则。此类反射弧的一个问题在于，它们的活动能够被同时进行的其他加工“抑制”。无论该反射弧是与生俱来，还是在一段时间后自发成熟，抑或是一种习得的能力，它都必须和其他反射弧竞争，有时能成功，有时会失败……神秘主义观点中的本能是恒定不变的。生理学观点则要求本能具备偶尔的无规律性，如果动物具有大量不同的本能，且同样的刺激有很大的可能会进入多个本能。这种无规律性正是高等动物本能所展现的丰富性[8]。

詹姆斯还提供了很多其他论述，要想消化本能的概念，的确需要花费一些时间。我强烈建议你阅读他的论文原文，体会他那清晰的思维和写作方式，以及在这些难题上表现出来的不可动摇的实用主义观点。詹姆斯指出了前进的方向，拒绝接受将人类视为受反射奴役的机器人的绝望图景。对他来说，复杂的行为状态可以产生自对简单独立模块的不同重组，就好比撑竿跳运动员飞跃横杆的复杂行为正是多个不同的细小运动的组合。当以一种协调的方式运作时，即便是简单的系统也会让观察者相信存在某种其他力量。詹姆斯的观点非常明确：“我所做的第一个彰显自由意志的行为必将是相信自由意志。”这一宣言与相信信仰、观点和思想是心智系统组成部分的观点相符。这个系统中的符号学表征具有灵活性与随机性，但也与脑的物理机制牢牢绑定。即便在受物理法则约束的脑中，观点也能造成影响。没有什么好绝望的：心智状态能够以自上而下的方式影响物理过程！

在我撰写本书的过程中，这套符号学表征的灵活性一直是我快乐与惊喜的源头，而不是指向绝望。

> The Consciousness Instinct
>
> 也许，对我来说，最意外的发现莫过于现在的我相信人类永远无法建造出一台能够模拟我们个人意识的机器。无生命的硅基机器有一套运作方式，有生命的碳基系统则有另一套。前者遵循决定论的指令，后者则听从符号，某种程度的不确定性是其固有性质。

从这个观点出发，我们就会得出一个结论，即人类试图用机器模拟智能和意识这一人工智能领域的研究目标的努力注定会失败。如果生命系统的运作遵循互补原理，即物理属性对应随机的符号属性，而符号是自然选择的产物，那么关于生命的纯决定论模型总会存在缺陷。在人工智能模型中，对事件的记忆被存放在一个位置，能够被一键删除。但是在有生命的、层级化的符号系统中，一种机制的属性能被替换为另外一种符号，只要这些符号都能各司其职。之所以会这样，是因为生命本身允许这种机制的存在，事实上，生命依赖这种机制：互补性。

谁将找到这些理论的科学依据？未来的神经科学会是什么样的？在我看来，要想寻找能够经得起考验的答案，就必须有神经工程师的参与，他们能够找到深藏于事物设计中的原理。革命仍在起步阶段，但前景已然明晰。允许附加补充层级的层级化结构提供了框架，用以解释脑如何在自然选择的过程中不断增加复杂度，同时保留那些成功的基本属性。我们面临的一个挑战在于确定每一个层级的功能，而另一个更大的挑战在于破解层级在解读相邻层级加工结果时所使用的工作协议。这需要我们跨越断面，即横亘在主观体验与客观加工之间、从第一个有生命的细胞出现起就已存在的认知空缺。理解这条鸿沟的物理侧（即神经元）与符号侧（即认知维度）之间的协作关系，需要我们使用互补原理的语言。

最后，我们必须认识到，意识是一种本能。意识是有机生命的一部分。我们不用通过学习就知道如何产生与利用意识。最近，我和妻子去查尔斯顿旅行，我们身处郊外，想寻找哪里卖好吃的炸鸡和玉米面包。最后我们终于找到了一间路边小馆，点好菜之后，正当服务生准备离开时，我说："哦，对了，再加一份玉米糙。"她转过身来面对我，微笑着说："亲爱的，玉米糙是赠送的。"玉米糙是随单赠送的，我们所说的意识也是一样。无论获赠玉米糙还是获赠意识，我们都足够幸运。

致谢

我非常喜欢一个故事，它讲的是一个踌躇满志的青年歌剧演员第一次在米兰的斯卡拉大剧院表演。在他的初次亮相结束后，观众大喊：“安可！安可！”他暗自一笑，把曲子重唱了一遍。观众又一次喊：“安可！”如此反复了四五遍后，他转向观众席说道：“等等，我已经唱了五遍了，你们还想听什么？”某个坐在包厢里的人大声回答说：“唱到你唱对为止。”

当我完成我的前一本书《双脑记》时，我觉得我再也不想写书了。那是一本关于裂脑人研究的科学回忆录，写作的过程很享受，因为视角来自我的个人体验，里面的故事都是我人生的重要组成部分。事实证明，那本书里暗藏着另一本书的开端，也就是现在这本。一位读者曾经对我说："现在你的个人故事已经讲完了，专门写一写意识本身吧。" 这是一项完全不同的写作任务，需要付出大量的努力，完成很多新的工作，也需要其他人的帮助。

在这个项目中，有一个人的贡献最大，那就是我的妹妹丽贝卡（Rebecca），她既是一位兼职医生，也是一位兼职园艺师、兼职科学作者和研究者，更是一位全职的"享乐专家"。所有她接触过的人和事都会变得比以前更好。我在2006 年接受过一次大手术，在那以后，她协助我完成了好几本书的写作，主要负责编辑。她很快对神经科学着了迷，并成了一名研究助理。她的智慧、旺盛的求知欲以及快乐的性格是我所有工作的支柱，我对她充满了感激。

布丽吉特 · 奎南（Bridegt Queenan）来到我所在的大学，并为我们的脑科学新项目注入了活力，我知道我们那单调枯燥的学术生活会因此焕然一新。她那坚定不移的智慧、驱动力和头脑，加上她感性的编辑技术，更是为这一切锦上添花。还有其他人也为我提供了帮助。当然，我总是希望把我的研究生研讨会变成对写作项目的探索。在项目的第一年，学生们提供了很多新的素材点子，其中，埃文 · 莱亚（Evan Layer）所做的贡献最大。在第二年，新来的学生对写作中的章节完成了包括挑刺和编辑在内的大量工作。

这些年来，我也收获了一小群专业的朋友，他们愿意阅读不同版本的草稿并提供详细的建议，就像任何真朋友会做的那样，他们从来不会保留情面。我感谢沃尔特 · 辛诺特 – 阿姆斯特朗，是他让我的那些哲学思考一直走在正轨上；还有迈克尔 · 波斯纳（Michael Posner）、史蒂文 · 希利亚德（Steven Hillyard）、利奥 · 查璐帕（Leo Chalupa）、约翰 · 多伊尔、马库斯 · 雷克利

（Marcus Raichle）等等，是他们使本书关于脑的内容能够清晰无误。最后，我感谢我的妻子夏洛特（Charlotte），是她让我保持初心不走弯路。她的影响无处不在。

内部检查完成后，这本书被发往纽约的出版商。这是我和 FSG 出版社合作的第一本书，我也希望这不是最后一本。编辑埃里克 · 钦斯基（Eric Chinski）和莱尔德 · 加拉格尔（Laird Gallagher）为我提供了很多鼓励和中肯的建议。在第一轮审稿之后，我觉得他们的编辑工作实在令人钦佩，于是要求再来一遍。当时我还不知道他们都曾学过哲学。他们在阅读我的文字时不仅凭借泛泛的兴趣，而是在用专业的眼光阅读，并无数次帮我订正错误。我还要感谢文字编辑安妮 · 戈特利布（Annie Gottlieb）。为了提高文字的准确性和可读性，她不留情面地对本书进行了一字一句的检查。我对每一个人都充满感激，当然还包括所有选择成为我的读者的人。

参考文献

第 1 章　古人眼中的意识

1. Zan Boag, "Searle: It upsets me when I read the nonsense written by my contemporaries," *NewPhilosopher* 2, January 25, 2014.
2. Henri Frankfort et al., *The Intellectual Adventure of Ancient Man: An Essay of Speculative Thought in the Ancient Near East* (Chicago: University of Chicago Press, 1977).
3. Robert Rosen, *Life Itself: A Comprehensive Inquiry into the Nature, Origin, and Fabrication of Life* (New York: Columbia University Press, 1991), 20.
4. René Descartes, *Discourse on Method* (1637), in Robert Hutchins, Mortimer J.Adler, and Wallace Brockway, eds., *Great Books of the Western World*, vol. 31, *Descartes/Spinoza* (Chicago: Encyclopaedia Britannica, 1952), 51.
5. Gary Hatfield, "René Descartes," in *Stanford Encyclopedia of Philosophy Archive*, 2014.
6. René Descartes,*ThePhilosophicalWritingsof Descartes*,vol.3,*The Correspon dence*, ed. and trans. John Cottingham, Robert Stoothoff, Dugald Murdoch, and Anthony Kenny (Cambridge, U.K.: Cambridge University Press, 1984), 19 – 20.

第 2 章　经验主义哲学的黎明

1. John Locke, *An Essay Concerning Human Understanding*, in Hutchins, Adler, and Brockway, *Great Books of the Western World*, vol. 35, Locke/Berkeley/ Hume, 2.1.19.
2. David Hume, "A Letter to a Physician" (1734), in *Life and Correspondence of David Hume*, ed. John Hill Burton (Edinburgh: William Tait, 1846), 35.
3. Robert G. Brown, "Philosophy Is Bullshit: David Hume," in *Axioms as the Basis for All Understanding*, 2003, retrieved February 10, 2016.
4. David Hume, *A Treatise of Human Nature: Being an Attempt to Introduce the Experimental Method of Reasoning into Moral Subjects*, vol. 1, *Of the Understanding* (London: John Noon, 1739), T intro.4, SBN xv.
5. Ibid., T 1.1.1.7, SBN 4.
6. David Hume, *An Abstract of A Book Lately*

Published; Entituled, A Treatise of Human Nature, & c. (London: C. Borbet, 1740), SBN 662.
7. David Hume, *An Enquiry Concerning Human Understanding* (1748), in Hutchins, Adler, and Brockway, eds., *Great Books of the Western World*, vol. 35, *Locke/Berkeley/Hume*, 458.
8. David Hume, to John Stewart (1754), letter 91 in *The Letters of David Hume*, vol. 1, 1727 – 1765, ed. J. Y. T. Greig (1932; repr. Oxford and New York: Oxford University Press, 2011), 187.
9. Hume, *Treatise of Human Nature*, T 1.4.6.3.
10. Ibid., T 1.4.6.6, SBN 254.
11. Ibid., T 1.4.6.4, SBN 253.
12. Arthur Schopenhauer, *Essays and Aphorisms*, trans. R. J. Hollingdale (1851; repr. London: Penguin Group, 2004), 223.
13. Arthur Schopenhauer, *The World as Will and Representation* (1818), trans. E. F. J. Payne, (1958; repr. New York: Dover, 1996), 2:209.
14. ArthurS chopenhauer, *The Worldas Willandldea* (1818),trans.R.B.Haldane and J. Kemp (London: Routledge and Kegan Paul Ltd., 1883), 3:127.
15. Cubie King and David Von Drehle, "Encounters with the Arch-Genius, David Gelernter," *Time*, February 25, 2016.
16. Schopenhauer, *World as Will and Representation*, 2:136.
17. Hermann von Helmholtz, *Treatise on Physiological Optics* (1867), ed.James P. C. Southall (1924; repr. New York: Dover, 1962, 2005), vol. 3.
18. Henry Maudsley, *The Physiology and Pathology of Mind* (New York: D. Appleton and Company, 1867), 15.
19. Ibid.,120.
20. Francis Galton, "Psychometric Experiments," *Brain* 2 (1879), 149 – 62.
21. Owen Flanagan, *The Science of the Mind* (Cambridge, Mass.: MIT Press,1984), 60.
22. Franz Brentano, *Psychology from an Empirical Standpoint* (1874), ed. OskarKraus, (Eng.) Linda L. McAlister, trans. Antos C. Rancurello, D. B. Terrell, and Linda L. McAlister, International Library of Philosophy (London and New York: Routledge, 1995), 68.
23. Flanagan, *Science of the Mind*, 62.
24. Drew Westen, "The Scientific Legacy of Sigmund Freud: Toward a Psychody-namically Informed Psychological Science," *Psychological Bulletin* 124 (1998),333.
25. Charles Darwin, *On the Origin of Species by Means of Natural Selection, or the Preservation of Favoured Races in the Struggle for Life*, first American edition, fourth printing, revised and augmented (New York: D. Appleton, 1860), 424.
26. Darwin, *The Descent of Man and Selection in Relation to Sex*, in Hutchins, Adler, and Brockway, *Great Books of the Western World*, vol. 49, *Darwin*, 319.
27. Darwin, *Origin of Species*, 425.

第 3 章　现代思想的诞生

1. William James, *Pragmatism: A New Name for Some Old Ways of Thinking*, Lecture 1 (New York: Longmans, Green, and Co., 1907), 6 – 7.
2. Ibid., 13 – 14.
3. Ibid., 15.
4. Ibid., 65 – 66.
5. Michael I. Posner, *Chronometric Explorations of Mind* (Hillsdale, N.J.: Lawrence Erlbaum Associates, 1978).
6. Wilder Penfield, "Speech, Perception and the Uncommitted Cortex," in John C. Eccles, ed., *Brain and Conscious Experience* (New York: Springer- Verlag, 1966), 234.
7. Ibid., 235.

8. George A. Miller, *Psychology: The Science of Mental Life* (New York: Harper and Row, 1962), 25.
9. David R. Curtis and Per Andersen, "Sir John Carew Eccles, A.C. 27 January 1903—2 May 1997," *Biographical Memoirs of Fellows of the Royal Society* 47 (2001), 160 – 87.
10. Karl R. Popper and John C. Eccles, *The Self and Its Brain: An Argument for Interactionism* (Berlin: Springer-Verlag, 1977).
11. Henry H. Dale, "The Beginnings and the Prospects of Neurohumoral Transmission," *Pharmacological Reviews* 6 (1954), 7 – 13.
12. John C. Eccles, "Hypotheses Relating to the Brain-Mind Problem," *Nature* 168 (1951), 53 – 57.
13. E. G. Walsh, "[Review of] *Brain and Conscious Experience: Study Week September 28 to October 4, 1964 of the Pontificia Academia Scientiarum*. Edited by Sir John C. Eccles. Berlin, Heidelberg, New York: Springer-Verlag . . . ," *Quarterly Journal of Experimental Physiology and Cognate Medical Sciences* 52 (1967), 330.
14. William H. Thorpe, "Ethology and Consciousness," in Eccles, *Brain and Conscious Experience*, 44.
15. John C. Eccles, "Conscious Experience and Memory," in Eccles, *Brain and Conscious Experience*, 326.
16. Roger W. Sperry, "Brain Bisection and Mechanisms of Consciousness," in Eccles, *Brain and Conscious Experience*, 299.
17. Roger W. Sperry, "Mind-Brain Interaction: Mentalism, Yes; Dualism, No," *Neuroscience* 5 (1980), 196.
18. Sperry, "Brain Bisection," 308.
19. Ibid.
20. Eccles, *Brain and Conscious Experience*, 250.
21. Ibid.,248.
22. Charles G. Gross, "Hans-Lukas Teuber: A Tribute," *Cerebral Cortex* 4 (1994),451 – 54.
23. Eccles, *Brain and Conscious Experience*, 582.
24. Roger W. Sperry, "Mind, Brain, and Humanist Values," *Bulletin of the Atomic Scientists* 22 (1966), 2 – 6.
25. Roger W. Sperry, "Perception in the Absence of the Neocortical Commissures," in David A. Hamburg, Karl H. Pribram, and Albert J. Stunkard, eds., *Perception and Its Disorders*, vol. 48 (Baltimore: Williams and Wilkins, 1970), 123 – 28.
26. Donald M. MacKay, "Soul, Brain Science and the" entry in R. L. Gregory, ed., *The Oxford Companion to the Mind* (Oxford: Oxford University Press,1987), 724 – 25.
27. P. M. S. Hacker, "The Sad and Sorry History of Consciousness: Being, among Other Things, a Challenge to the 'Consciousness-Studies Community,'" *Royal Institute of Philosophy Supplement* 70 (2012), 149 – 68.
28. Thomas Nagel, "The Psychophysical Nexus," in Paul Boghossian and Christopher Peacocke, eds., *New Essays on the A Priori* (Oxford: Oxford University Press, 2000), 432 – 71.
29. Douglas R. Hofstadter and Daniel C. Dennett, *The Mind's I: Fantasies and Reflections on Self and Soul* (New York: Basic Books, 1981, 2000), 409.
30. Owen Flanagan, *The Problem of the Soul: Two Visions of Mind and How to Reconcile Them* (New York: Basic Books, 2002), 87.
31. Francis H. Crick, "Thinking About the Brain," *Scientific American* 241(1979), 219 – 32.
32. Michael I. Posner and Mary K. Rothbart, "Attentional Mechanisms and Conscious Experience," in A. D. Milner and M. D. Rugg, eds., *The Neuropsychology of Conscious Experience* (London: Academic Press, 1992), 97 – 117.
33. Michael Gazzaniga, *The Bisected Brain* (New

York: Appleton Century Crofts, 1970).
34. Crick, "Thinking About the Brain."
35. Ibid.
36. Ibid.
37. Francis Crick and Christof Koch, "Towards a Neurobiological Theory of Consciousness," *Seminars in the Neurosciences* 2 (1990), 263 – 75.
38. Christof Koch, *The Quest for Consciousness: A Neurobiological Approach* (Englewood, Colo.: Roberts and Company, 2004), 17. 39. Ibid.,15.

第 4 章　模块化的脑

1. Charles S. Sherrington, *Man on His Nature: The Gifford Lectures, 1937–38* (1940; repr. Cambridge, U.K.: Cambridge University Press, 2009).
2. Michael Gazzaniga, "Brain Mechanisms and Conscious Experience," *Experimental and Theoretical Studies of Consciousness*, CIBA Foundation Symposium 174 (Chichester, U.K.: John Wiley and Sons, 1993), 247 – 62.
3. Edoardo Bisiach and Claudio Luzzatti, "Unilateral Neglect of Representational Space," *Cortex* 14 (1978), 129 – 33.
4. PatrikVuilleumier, "MappingtheFunctional-NeuroanatomyofSpatialNeglect and Human Parietal Lobe Functions: Progress and Challenges," *Annals of the New York Academy of Sciences* 1296 (2013), 50 – 74.
5. Bruce T. Volpe, Joseph E. Ledoux, and Michael Gazzaniga, "Information Processing of Visual Stimuli in an 'Extinguished' Field," *Nature* 282 (1979), 722 – 24.
6. Reinhold Messner, *The Naked Mountain* (Seattle: The Mountaineers Books, 2003), 299.
7. W. Dewi Rees, "The Hallucinations of Widowhood," *British Medical Journal* 4 (1971), 37.
8. Shahar Arzy et al., "Induction of an Illusory Shadow Person," *Nature* 443 (2006), 287.
9. Olaf Blanke et al., "Neurological and Robot-Controlled Induction of an Apparition," *Current Biology* 24 (2014), 2681 – 86.
10. Ibid.
11. Frederico A. C. Azevedo et al., "Equal Numbers of Neuronal and Nonneuronal Cells Make the Human Brain an Isometrically Scaled-up Primate Brain," *Journal of Comparative Neurology* 513 (2009), 532 – 41.
12. Suzana Herculano-Houzel, "The Human Brain in Numbers: A Linearly Scaled-up Primate Brain," *Frontiers in Human Neuroscience* 3 (2009), 31.
13. Mark E. Nelson and James M. Bower, "Brain Maps and Parallel Computers," *Trends in Neurosciences* 13 (1990), 403 – 8.
14. Donald D. Clarke and Louis Sokoloff, "Circulation and Energy Metabolism of the Brain," in George J. Siegel et al., eds., *Basic Neurochemistry: Molecular, Cellular and Medical Aspects*, 6th ed. (Philadelphia: Lippincott-Raven, 1999), 637 – 70.
15. Georg F. Striedter, *Principles of Brain Evolution* (Sunderland, Mass.: Sinauer Associates, 2005).
16. David Meunier, Renaud Lambiotte, and Edward T. Bullmore, "Modular and Hierarchically Modular Organization of Brain Networks," *Frontiers in Neuroscience* 4 (2010), 200.
17. Ibid.
18. Dmitri B. Chklovskii, Thomas Schikorski, and Charles F. Stevens, "Wiring Optimization in Cortical Circuits," *Neuron* 34 (2002), 341 – 47.
19. Danielle S. Bassett et al., "Dynamic Reconfiguration of Human Brain Networks during Learning," *Proceedings of the National Academy of Sciences (PNAS)* 108 (2011), 7641 – 46; Danielle S. Bassett et al., "Robust Detection of Dynamic Community Structure in Networks," *Chaos: An Interdisciplinary*

Journal of Nonlinear Science 23 (2013), 013142.

20. OlafSpornsandRichardF.Betzel, "Modular-BrainNetworks," *Annual Review of Psychology* 67 (2016), 613 – 40.
21. Striedter, *Principles of Brain Evolution*, 248.
22. Beth L. Chen, David H. Hall, and Dmitri B. Chklovskii, "Wiring Optimization Can Relate Neuronal Structure and Function," *PNAS* 103 (2006), 4723 – 28; Christopher Cherniak et al., "Global Optimization of Cerebral Cortex Layout," *PNAS* 101 (2004), 1081 – 86; Yong-Yeol Ahn, Hawoong Jeong, and Beom Jun Kim, "Wiring Cost in the Organization of a Biological Neuronal Network," *Physica A: Statistical Mechanics and Its Applications* 367 (2006), 531 – 37.
23. Jeff Clune, Jean-Baptiste Mouret, and Hod Lipson, "The Evolutionary Origins of Modularity," *Proceedings of the Royal Society of London B: Biological Sciences* 280 (2013), 20122863.
24. Peter Carruthers, *The Architecture of the Mind: Massive Modularity and the Flexibility of Thought* (Oxford: Oxford University Press, 2006).
25. Sporns and Betzel, "Modular Brain Networks."
26. Nicola Clayton and Nathan Emery, "Corvid Cognition," *Current Biology* 15(2005), R80 – R81.
27. Alex H. Taylor et al., "Complex Cognition and Behavioural Innovation in New Caledonian Crows," *Proceedings of the Royal Society of London B: Biological Sciences* 277 (2010), 2637 – 43.
28. Jennifer C. Holzhaider, Gavin R. Hunt, and Russell D. Gray, "Social Learning in New Caledonian Crows," *Learning and Behavior* 38 (2010), 206 – 19.
29. Gavin R. Hunt, C. Lambert, and Russel D. Gray, "Cognitive Requirements for Tool Use by New Caledonian Crows (*Corvus moneduloides*)," *New Zealand Journal of Zoology* 34 (2007), 1 – 7.
30. Andrew Whiten et al., "Emulation, Imitation, Over-Imitation and the Scope of Culture for Child and Chimpanzee," *Philosophical Transactions of the Royal Society of London B: Biological Sciences* 364 (2009), 2417 – 28.
31. Wolfgang Köhler, trans. Ella Winter, *The Mentality of Apes* (London: Kegan Paul, Trench, Tr ü bner and Company, 1925).
32. Kristin Liebal et al., "Infants Use Shared Experience to Interpret Pointing Gestures," *Developmental Science* 12 (2009), 264 – 71.
33. David Premack, "Why Humans Are Unique: Three Theories," *Perspectives on Psychological Science* 5 (2010), 22 – 32.
34. Carruthers, *Architecture of the Mind*.
35. David Premack and Guy Woodruff, "Does the Chimpanzee Have a Theory of Mind?" *Behavioral and Brain Sciences* 1 (1978), 515 – 26.
36. Josep Call and Michael Tomasello, "Does the Chimpanzee Have a Theory of Mind? 30 Years Later," *Trends in Cognitive Sciences* 12 (2008), 187 – 92.
37. Zijing He, Matthias Bolz, and Ren é e Baillargeon, "Understanding of False Belief in 2.5-year-olds in a Violation-of-Expectation Test," paper presented at the Biennial Meeting of the Society for Research in Child Development, Boston, March 2007.
38. Christopher Krupenye et al., "Great Apes Anticipate That Other Individuals Will Act According to False Beliefs," *Science* 354 (2016), 110 – 14.
39. John W. Pilley and Alliston K. Reid, "Border Collie Comprehends Object Names as Verbal Referents," *Behavioural Processes* 86 (2011), 184 – 95; John W. Pilley, "Border Collie

Comprehends Sentences Containing a Prepositional Object, Verb, and Direct Object," *Learning and Motivation* 44 (2013), 229 – 40.

40. Katharina C. Kirchhoferetal., "Dogs (*Canis familiaris*),but Not Chimpanzees (*Pan troglodytes*), Understand Imperative Pointing," *PloS One* 7 (2012), e30913.
41. Michelle E. Maginnity and Randolph C. Grace, "Visual Perspective Taking by Dogs (*Canis familiaris*) in a Guesser – Knower Task: Evidence for a Canine Theory of Mind?" *Animal Cognition* 17 (2014), 1375 – 92.
42. Brian Hare and Michael Tomasello, "Human-like Social Skills in Dogs?" *Trends in Cognitive Sciences* 9 (2005), 439 – 44.
43. Muhammad A. Spocter et al., "Neuropil Distribution in the Cerebral Cortex Differs between Humans and Chimpanzees," *Journal of Comparative Neurology* 520 (2012), 2917 – 29.
44. Julia Mehlhorn et al., "Tool-Making New Caledonian Crows Have Large Associative Brain Areas," *Brain, Behavior and Evolution* 75 (2010), 63 – 70.
45. Justin S. Feinstein et al., "The Human Amygdala and the Induction and Expe- rience of Fear," *Current Biology* 21 (2011), 34 – 38.

第 5 章　层级化的脑

1. Robert Rosen, *Dynamical System Theory in Biology* (New York: Wiley, 1970).
2. Michael Polanyi, "Life' s Irreducible Structure," *Science* 160 (1968), 1308.
3. Ibid.
4. Marie E. Csete and John C. Doyle, "Reverse Engineering of Biological Complexity," *Science* 295 (2002), 1664 – 69.
5. John C. Doyle and Marie E. Csete, "Architecture, Constraints, and Behavior," *PNAS* 108, Supplement 3 (2011), 15624 – 30.
6. Polanyi, "Life's Irreducible Structure."
7. Doyle and Csete, "Architecture, Constraints, and Behavior."
8. David L. Alderson and John C. Doyle, "Contrasting Views of Complexity andTheir Implications for Network-Centric Infrastructures," *IEEE Transactions on Systems, Man and Cybernetics—Part A: Systems and Humans* 40 (2010), 840.
9. Ibid.
10. Jerzy Wegiel et al., "The Neuropathology of Autism: Defects of Neurogenesis and Neuronal Migration, and Dysplastic Changes," *Acta Neuropathologica* 119 (2010), 755 – 70.
11. Aswin Sekar et al., "Schizophrenia Risk from Complex Variation of Complement Component 4," *Nature* 530 (2016), 177 – 83.
12. Alderson and Doyle, "Contrasting Views of Complexity."
13. Mung Chiang et al., "Layering as Optimization Decomposition: A Mathematical Theory of Network Architectures," *Proceedings of the IEEE* 95 (2007), 255 – 312.
14. Harold Pashler, *Encyclopedia of the Mind*, vol. 1 (Thousand Oaks, Calif.: Sage Publications, 2013), 465.
15. Tony J. Prescott, Peter Redgrave, and Kevin Gurney, "Layered Control Architectures in Robots and Vertebrates," *Adaptive Behavior* 7 (1999), 99 – 127.
16. Ibid.,101.
17. Marc Kirschner and John Gerhart, "Evolvability," *PNAS* 95 (1998), 8420 – 27.
18. Peter T. Boag and Peter R. Grant, "Intense Natural Selection in a Population of Darwin' s Finches (Geospizinae) in the Galápagos," *Science* 214 (1981), 82 – 85.
19. John Gerhart and Marc Kirschner, "The Theory of Facilitated Variation," *PNAS* 104, supplement 1 (2007), 8582 – 89.
20. Alderson and Doyle, "Contrasting Views of

Complexity."

21. Doyle and Csete, "Architecture, Constraints, and Behavior."
22. Ibid.
23. Christopher W. Johnson, "What Are Emergent Properties and How Do They Affect the Engineering of Complex Systems?" *Reliability Engineering and System Safety* 91 (2006), 1475 – 81.
24. Eve Marder, "Variability, Compensation and Modulation in Neurons and Circuits," *PNAS* 108, supplement 3 (2011), 15542 – 48.
25. Tamar Friedlander et al., "Evolution of Bow-Tie Architectures in Biology," *PLoS Computational Biology* 11 (2015), e1004055.
26. John C. Doyle, "Guaranteed Margins for LQG Regulators," *IEEE Transactions on Automatic Control* 23 (1978), 756 – 57.
27. Alderson and Doyle, "Contrasting Views of Complexity."
28. Arne J. Nagengast, Daniel A. Braun, and Daniel M. Wolpert, "Risk-Sensitive Optimal Feedback Control Accounts for Sensorimotor Behavior Under Uncertainty," *PLoS Computational Biology* 6 (2010), e1000857.
29. Fiona A. Chandra, Gentian Buzi, and John C. Doyle, "Glycolytic Oscillations and Limits on Robust Efficiency," *Science* 333 (2011), 187 – 92.
30. Daniel Kahneman, *Thinking, Fast and Slow* (New York: Farrar, Straus and Giroux, 2011).
31. Roger W. Sperry, "Neurology and the Mind-BrainProblem," *American Scientist* 40 (1952), 291 – 312.

第 6 章 受到损伤却有意识的脑

1. David A. Drachman, "The Amyloid Hypothesis, Time to Move On: Amyloid Is the Downstream Result, Not Cause, of Alzheimer' s Disease," *Alzheimer's and Dementia* 10 (2014), 372 – 80; Jessica Freiherr et al., "Intranasal Insulin as a Treatment for Alzheimer' s Disease: A Review of Basic Research and Clinical Evidence," *CNS Drugs* 27 (2013), 505 – 14.
2. Stanley B. Klein, Leda Cosmides, and Kristi A. Costabile, "Preserved Knowledge of Self in a Case of Alzheimer' s Dementia," *Social Cognition* 21 (2003),157 – 65.
3. Lydia Krabbendam and Jim van Os, "Schizophrenia and Urbanicity: A Major Environmental Influence—Conditional on Genetic Risk," *Schizophrenia Bulletin* 31 (2005), 795 – 99.
4. Elizabeth Cantor-Graae and Jean Paul-Selten, "Schizophrenia and Migration: A Meta-Analysis and Review," *American Journal of Psychiatry* 162 (2005), 12 – 24.
5. Wim Veling et al., "Ethnic Density of Neighborhoods and Incidence of Psychotic Disorders among Immigrants," *American Journal of Psychiatry* 165(2008), 66 – 73.
6. TheresaH.M.Mooreetal., "CannabisUseandRiskofPsychoticorAffective Mental Health Outcomes: A Systematic Review," *The Lancet* 370 (2007), 319 – 28; Robin M. Murray et al., "Cannabis, the Mind and Society: The Hash Realities," *Nature Reviews Neuroscience* 8 (2007), 885 – 95.
7. Kurt Schneider, *Clinical Psychopathology*, trans. M. W. Hamilton (New York: Grune and Stratton, 1959).
8. Jim van Os and Shitij Kapur, "Schizophrenia," *The Lancet* 374 (2009), 635 – 45; Jim van Os, " 'Salience Syndrome' Replaces 'Schizophrenia' in DSM-V and ICD-11: Psychiatry' s Evidence-Based Entry into the 21st Century?" *Acta Psychiatrica Scandinavica* 120 (2009), 363 – 72.
9. Shitij Kapur, "Psychosis as a State of Aberrant Salience: A Framework Linking Biology, Phenomenology, and Pharmacology in Schizo-

phrenia," *American Journal of Psychiatry* 160 (2003), 13 – 23.

10. MarcLaruelle, "ImagingDopamineTrans-missioninSchizophrenia:AReview and Meta-Analysis," *Quarterly Journal of Nuclear Medicine* 42 (1998), 211 – 21; Oliver Guillin, Anissa Abi-Dargham, and Marc Laruelle, "Neurobiology of Dopamine in Schizophrenia," *International Review of Neurobiology* 78 (2007), 1 – 39.
11. Kapur, "Psychosis as a State of Aberrant Salience."
12. Jimmy Jensen et al., "The Formation of Abnormal Associations in Schizophrenia: Neural and Behavioral Evidence," *Neuropsychopharmacology* 33 (2008), 473 – 79; J. P. Roiser et al., "Do Patients with Schizophrenia Exhibit Aberrant Salience?" *Psychological Medicine* 39 (2009), 199 – 209.
13. Rosalind Cartwright, "Sleepwalking Violence: A Sleep Disorder, a Legal Dilemma, and a Psychological Challenge," *American Journal of Psychiatry* 161 (2004), 1149 – 58.
14. Pierre Maquet et al., "Functional Neuroanatomy of Human Slow Wave Sleep," *Journal of Neuroscience* 17 (1997), 2807 – 12; A. R. Braun et al., "Regional Cerebral Blood Flow throughout the Sleep-Wake Cycle: An H215O PET Study," Brain 120 (1997), 1173 – 97; Jesper L. R. Andersson et al., "Brain Networks Affected by Synchronized Sleep Visualized by Positron Emission Tomogra- phy," *Journal of Cerebral Blood Flow and Metabolism* 18 (1998), 701 – 15; C. Kaufmann et al., "Brain Activation and Hypothalamic Functional Connectivity During Human Non – Rapid Eye Movement Sleep: An EEG/fMRI Study," Brain 129 (2006), 655 – 67.
15. Claudio Bassetti et al., "SPECT During Sleep-walking," *The Lancet* 356 (2000), 484 – 85.
16. Michele Terzaghi et al., "Evidence of Dissociated Arousal States during NREM Parasomnia from an Intracerebral Neurophysiological Study," *Sleep* 32 (2009), 409 – 12.
17. Steven Laureys et al., "The Locked-in Syndrome: What Is It Like to Be Conscious but Paralyzed and Voiceless?" *Progress in Brain Research* 150 (2005), 495 – 511.
18. Jean-Dominique Bauby, *The Diving Bell and the Butterfly: A Memoir of Life in Death* (New York: Alfred A. Knopf, 1997).
19. Ibid.
20. Sofiane Ghorbel, "Statut fonctionnel et qualit é de vie chez le locked-in syndrome a domicile," *DEA Motricité Humaine et Handicap* (Saint-Etienne, Montpellier, France: Laboratory of Biostatistics, Epidemiology and Clinical Research, Université Jean Monnet, 2002).
21. Ronald E. Cranford, "The Persistent Vegetative State: The Medical Reality (Getting the Facts Straight)," *Hastings Center Report* 18 (1988), 27 – 32.
22. Steven Laureys, Olivia Gosseries, and Giulio Tononi, eds., *The Neurology of Consciousness: Cognitive Neuroscience and Neuropathology*, 2nd ed. (Amsterdam: Academic Press, 2016).
23. Björn Merker, "Consciousness Without a Cerebral Cortex: A Challenge for Neuroscience and Medicine," *Behavioral and Brain Sciences* 30 (2007), 63 – 81.
24. Jaak Panksepp et al., "Effects of Neonatal Decortication on the Social Play of Juvenile Rats," Physiology and Behavior 56 (1994), 429 – 43.
25. Jaak Panksepp, "Affective Consciousness: Core Emotional Feelingsin Animals and Humans," *Consciousness and Cognition* 14 (2005), 30 – 80.
26. David J. Anderson and Ralph Adolphs, "A

Framework for Studying Emotions across Species," *Cell* 157 (2014), 187 – 200.

27. Jaak Panksepp, Thomas Fuchs, and Paolo Iacobucci, "The Basic Neurosci- ence of Emotional Experiences in Mammals: The Case of Subcortical FEAR Circuitry and Implications for Clinical Anxiety," *Applied Animal Behaviour Science* 129 (2011), 1 – 17; Jaak Panksepp, "Affective Neuroscience of the Emotional BrainMind: Evolutionary Perspectives and Implications for Understanding Depression," *Dialogues in Clinical Neuroscience* 12 (2010), 533 – 45.
28. Jaak Panksepp and Jules B. Panksepp, "The Seven Sins of Evolutionary Psychology," *Evolution and Cognition* 6 (2000), 108 – 31.
29. JosephLeDoux, "RethinkingtheEmotional-Brain," *Neuron* 73(2012),653 – 76.
30. Steven Pinker, *The Language Instinct: How the Mind Creates Language* (New York: William Morrow, 1994).
31. Panksepp, "Affective Consciousness."
32. Bernard J. Baars, *A Cognitive Theory of Consciousness* (Cambridge, U.K.:Cambridge University Press, 1988).
33. L. F. Haas, "Phineas Gage and the Science of Brain Localisation," *Journal of Neurology, Neurosurgery, and Psychiatry* 71 (2001), 761.
34. Sergio Paradiso et al., "Frontal Lobe Syndrome Reassessed: Comparison of Patients with Lateral or Medial Frontal Brain Damage," *Journal of Neurology, Neurosurgery and Psychiatry* 67 (1999), 664 – 67.

第 7 章　互补的概念：来自物理学的礼物

1. John Tyndall, *Fragments of Science for Unscientific People: A Series of Detached Essays, Lectures, and Reviews*, vol. 1 (New York: D. Appleton and Company, 1871), 119.
2. Joseph Levine, *Purple Haze: The Puzzle of Consciousness* (Oxford: Oxford University Press, 2001), 6.
3. Ibid., 87.
4. David J. Chalmers, "Facing Up to the Problem of Consciousness," *Journal of Consciousness Studies* 2 (1995), 200 – 19.
5. John Tyndall, "The Belfast Address," in Tyndall, *Fragments of Science*, vol. 2 (London: Longmans, Green, and Co., 1879).
6. William James, *The Principles of Psychology* (1890), in Hutchins, Adler, and Brockway, *Great Books of the Western World*, vol. 53, *William James*, 97.
7. Ibid., 95.
8. Ibid.
9. William Stukeley, *Memoirs of Sir Isaac Newton's Life* (manuscript, 1752; facsimile, Royal Society, 2010), retrieved June 26, 2016.
10. John Conduitt, Draft account of Newton' s life at Cambridge (1727 – 28), Keynes Ms. 130.04 (Cambridge, U.K.: King' s College), retrieved June 26, 2016.
11. Rudolf Clausius, *The Mechanical Theory of Heat—with its Applications to the Steam-engine and to the Physical Properties of Bodies* (London: John van Voorst, 1867).
12. Max Planck, "On the Law of Distribution of Energy in the Normal Spectrum," *Annalen der Physik* 4 (1901), 553.
13. Helge Kragh, "Max Planck: The Reluctant Revolutionary," *Physics World* 13 (2000), 31.
14. L. Piazzaetal., "Simultaneous Observation of the Quantization and the Interference Pattern of a Plasmonic Near-Field," *Nature Communications* 6 (2015), 6407.
15. Richard Feynman, Sir Douglas Robb Memorial Lecture (University of Auckland, 1979), retrieved September 2, 2016.
16. Richard Feynman, Messenger Lecture: "The Quantum View of Physical Nature" (Cornell

University, 1964), retrieved October 3.

17. John von Neumann, *Mathematical Foundations of Quantum Mechanics*, trans. Robert T. Beyer (Princeton, N.J.: Princeton University Press, 1955).
18. Feynman, MessengerLecture.
19. Jim Baggott, *The Quantum Story: A History in 40 Moments* (Oxford: Oxford University Press, 2011), 100.
20. Ibid.
21. Robert Rosen, "On the Limitations of Scientific Knowledge," in John L. Casti and Anders Karlqvist, eds., *Boundaries and Barriers: On the Limits to Scientific Knowledge* (Reading, Mass.: Perseus Books, 1996), 203.
22. Ibid.

第 8 章　从无机到生命，从神经元到心智

1. Howard Hunt Pattee, "Physical and Functional Conditions for Symbols, Codes, and Languages," *Biosemiotics* 1 (2008), 147 – 68.
2. Howard Hunt Pattee and Joanna Rączaszek-Leonardi, *Laws, Language and Life: Howard Pattee's Classic Papers on the Physics of Symbols with Contemporary Commentary* (Dordrecht, The Netherlands: Springer, 2012), 7.
3. Ibid., 8.
4. Pattee, "Physical and Functional Conditions for Symbols, Codes, and Languages."
5. Howard Hunt Pattee, "The Physical Basis of Coding and Reliability in Biological Evolution," in Pattee and Rączaszek-Leonardi, *Laws, Language and Life*, 33 – 54; repr. from *Towards a Theoretical Biology 1, Prolegomena*, Proceedings of an International Union of Biological Sciences symposium, Bellagio, Italy August – September 1966, ed. C. H. Waddington (Edinburgh: Edinburgh University Press, 1968), 67 – 93.
6. Pattee and Rączaszek-Leonardi, *Laws, Language and Life*, 10.
7. Howard Hunt Pattee, "Physical Problems of Decision-Making Constraints," in Pattee and Rączaszek-Leonardi, *Laws, Language and Life*, 70; repr. from *International Journal of Neuroscience* 3 (1972), 99 – 106.
8. Pattee, "Physical Basis of Coding and Reliability."
9. John von Neumann,*Theory of Self-Reproducing Automata* (Urbana:University of Illinois Press, 1966); Erwin Schrödinger, *What Is Life? The Physical Aspect of the Living Cell* (1944; repr. Cambridge, U.K.: Cambridge University Press, 2012).
10. SteveMartin.
11. Howard Hunt Pattee, "The Complementarity Principle in Biological and Social Structures," inPattee and Rączaszek-Leonardi, *Laws, Language and Life* 143 – 54; repr. from *Journal of Social Biology Structures* 1 (1978), 191 – 200.
12. Howard Hunt Pattee, "Cell Psychology: An Evolutionary Approach to the Symbol-Matter Problem," in Pattee and Rączaszek-Leonardi, *Laws, Language and Life*, 170; repr. from *Cognition and Brain Theory* 5 (1982), 325 – 41.
13. Marcello Barbieri, "Biosemiotics: A New Understanding of Life," *Naturwissenschaften* 95 (2008), 579.
14. Ibid.,597.
15. Ibid.
16. Ibid.,580.
17. Ibid.,596.
18. Noa Liscovitch-Brauer et al., "Trade-off between Transcriptome Plasticity and Genome Evolution in Cephalopods," *Cell* 169 (2017), 191 – 202.
19. Christian B. Anfinsen, "Principles That Govern the Folding of Protein Chains," *Science* 181 (1973), 223 – 30.
20. Von Neumann, *Theory of Self-Reproducing*

Automata, 77.
21. Pattee and Rączaszek-Leonardi, *Laws, Language and Life*, 13.
22. Rudolf K. Allemann and Nigel S. Scrutton, eds., *Quantum Tunneling in Enzyme Catalyzed Reactions* (Cambridge, U.K.: Royal Society of Chemistry Publishing, 2009).
23. Indranil Chakrabarty and Prashant Prashant, "Non Existence of Quantum Mechanical Self Replicating Machine," *arXiv:quant-ph/0510221v6*, 2007.
24. Niels Bohr, "The Quantum Postulate and the Recent Development of Atomic Theory," *Nature* 121 (1928), 580.
25. Pattee, "The Complementarity Principle," 144.
26. Ibid.,149.
27. Ibid.,153.
28. Feynman, Robb Memorial Lecture.
29. James, *Principles of Psychology*, in Hutchins, Adler, and Brockway, Great Books of the Western World, vol. 53, *William James*, 117.
30. Pattee and Rączaszek-Leonardi, *Laws, Language and Life*, 28.
31. Ibid.,11.
32. Feynman, Robb Memorial Lecture.

第 9 章　汩汩溪流与个人意识

1. James, *Principles of Psychology*, in Hutchins, Adler, and Brockway, *Great Books of the Western World*, vol. 53, *William James*, 149.
2. Matthew E. Roser et al., "Dissociating Processes Supporting Causal Perception and Causal Inference in the Brain," *Neuropsychology* 19 (2005), 591.
3. Sherrington, *Man on His Nature*, 275.
4. Niels Kaj Jerne, "Antibodies and Learning: Selection versus Instruction," in *The Neurosciences: A Study Program*, eds. Gardner C. Quarton, Theodore Melnechuk, and Francis O. Schmitt, pp. 200 – 205 (New York: Rockefeller University Press, 1967).
5. Alan M. Leslie and Stephanie Keeble, "Do Six-Month-Old Infants Perceive Causality?" *Cognition* 25 (1987), 265 – 88.
6. Thomas Nagel, "What Is It Like to Be a Bat?" *Philosophical Review* 83 (1974), 435 – 50.
7. Liane Young and Rebecca Saxe, "Innocent Intentions: A Correlation between Forgiveness for Accidental Harm and Neural Activity," *Neuropsychologia* 47 (2009), 2065 – 72.
8. Michael B. Miller et al., "Abnormal Moral Reasoning in Complete and Partial Callosotomy Patients," *Neuropsychologia* 48 (2010), 2215 – 20.
9. Neil Young documentary, part 2, retrieved August 27, 2016.
10. Steven Pinker, *How the Mind Works* (New York: W. W. Norton, 1997), 133.
11. Jaak Panksepp and Lucy Biven, *The Archaeology of Mind: Neuroevolutionary Origins of Human Emotions* (New York: W. W. Norton, 2012).
12. Jaack Panksepp, "The Periconscious Substrates of Consciousness: Affective States and the Evolutionary Origins of the SELF," *Journal of Consciousness Studies* 5 (1998), 566 – 82.
13. Andrew R. Barron and Colin Klein, "What Insects Can Tell Us about the Origins of Consciousness," *PNAS* 113 (2016), 4900 – 8.
14. Nicholas J. Strausfeld and Frank Hirth, "Deep Homology of Arthropod Central Complex and Vertebrate Basal Ganglia," *Science* 340 (2013), 157 – 61.
15. Robert B. Barlow Jr. and Anthony J. Fraioli, "Inhibition in the Limulus Lateral Eye In Situ," *Journal of General Physiology* 71 (1978), 699 – 720.
16. Shreesh P. Mysore and Eric I. Knudsen, "A Shared Inhibitory Circuit for Both Exoge-

nous and Endogenous Control of Stimulus Selection," *Nature Neuroscience* 16 (2013), 473 – 78.

17. Diane M. Beck and Sabine Kastner, "Top-down and Bottom-up Mechanisms in Biasing Competition in the Human Brain," *Vision Research* 49 (2009),1154 – 65.
18. Steven D. Wiederman and David C. O' Carroll, "Selective Attention in an Insect Visual Neuron," *Current Biology* 23 (2013), 156 – 61.
19. Paul Buckley and F. David Peat, *Glimpsing Reality: Ideas in Physics and the Link to Biology*, rev. ed. (New York: Routledge, 2009), 134.
20. Bisiach and Luzzatti, "Unilateral Neglect of Representational Space."
21. Denise Barbut and Michael Gazzaniga, "Disturbances in Conceptual Space Involving Language and Speech," Brain 110 (1987), 1487 – 96.
22. Gary Taubes, *Good Calories, Bad Calories: Fats, Carbs, and the Controversial Science of Diet and Health* (New York: Anchor Books, 2007).

第 10 章　意识是一种本能

1. Howard Hunt Pattee, "Can Life Explain Quantum Mechanics?" in Ted Bastin, ed., *Quantum Theory and Beyond: Essays and Discussions Arising from a Colloquium* (Cambridge, U.K.: Cambridge University Press, 1971), 307 – 19.
2. Rosen, Life Itself,13.
3. Ibid., 111.
4. Ibid., 112.
5. William James, "What Is an Instinct?" *Scribner's Magazine* 1 (1887), 355.
6. Ibid., 356.
7. Joshua T. Vogelstein et al., "Discovery of Brainwide Neural-Behavioral Maps via Multiscale Unsurpervised Structure Learning," *Science* 344 (2014), 386 – 92.
8. James, "What Is an Instinct?" , 359.

未来，属于终身学习者

我这辈子遇到的聪明人（来自各行各业的聪明人）没有不每天阅读的——没有，一个都没有。巴菲特读书之多，我读书之多，可能会让你感到吃惊。孩子们都笑话我。他们觉得我是一本长了两条腿的书。

——查理·芒格

互联网改变了信息连接的方式；指数型技术在迅速颠覆着现有的商业世界；人工智能已经开始抢占人类的工作岗位……

未来，到底需要什么样的人才？

改变命运唯一的策略是你要变成终身学习者。未来世界将不再需要单一的技能型人才，而是需要具备完善的知识结构、极强逻辑思考力和高感知力的复合型人才。优秀的人往往通过阅读建立足够强大的抽象思维能力，获得异于众人的思考和整合能力。未来，将属于终身学习者！而阅读必定和终身学习形影不离。

很多人读书，追求的是干货，寻求的是立刻行之有效的解决方案。其实这是一种留在舒适区的阅读方法。在这个充满不确定性的年代，答案不会简单地出现在书里，因为生活根本就没有标准确切的答案，你也不能期望过去的经验能解决未来的问题。

而真正的阅读，应该在书中与智者同行思考，借他们的视角看到世界的多元性，提出比答案更重要的好问题，在不确定的时代中领先起跑。

湛庐阅读 App：与最聪明的人共同进化

有人常常把成本支出的焦点放在书价上，把读完一本书当作阅读的终结。其实不然。

时间是读者付出的最大阅读成本

怎么读是读者面临的最大阅读障碍

“读书破万卷”不仅仅在“万”，更重要的是在“破”！

现在，我们构建了全新的“湛庐阅读”App。它将成为你“破万卷”的新居所。在这里：

- 不用考虑读什么，你可以便捷找到纸书、电子书、有声书和各种声音产品；
- 你可以学会怎么读，你将发现集泛读、通读、精读于一体的阅读解决方案；
- 你会与作者、译者、专家、推荐人和阅读教练相遇，他们是优质思想的发源地；
- 你会与优秀的读者和终身学习者为伍，他们对阅读和学习有着持久的热情和源源不绝的内驱力。

下载湛庐阅读 App，
坚持亲自阅读，
有声书、电子书、阅读服务，
一站获得。

图书在版编目（CIP）数据

浙江省版权局
著作权合同登记号
图字：11-2021-169号

意识本能 / （加）迈克尔·加扎尼加（Michael Gazzaniga）著；罗路译. -- 杭州：浙江教育出版社，2022.6

书名原文：The Consciousness Instinct
ISBN 978-7-5722-3474-3

Ⅰ. ①意… Ⅱ. ①迈… ②罗… Ⅲ. ①意识—研究 Ⅳ. ①B842.7

中国版本图书馆CIP数据核字(2022)第073570号

上架指导：心理学 / 认知科学

意识本能

YISHI BENNENG

[加] 迈克尔·加扎尼加（Michael Gazzaniga）
罗路　译

责任编辑：高露露　洪滔
美术编辑：韩　波
封面设计：ablackcover.com
责任校对：刘晋苏
责任印务：沈久凌
出版发行：浙江教育出版社（杭州市天目山路 40 号　电话：0571-85170300-80928）
印　　刷：石家庄继文印刷有限公司

开　　本：	710mm ×965mm 1/16	**插　　页：**	1
印　　张：	17.5	**字　　数：**	219 千字
版　　次：	2022 年 6 月第 1 版	**印　　次：**	2022 年 6 月第 1 次印刷
书　　号：	ISBN 978-7-5722-3474-3	**定　　价：**	99.90 元

如发现印装质量问题，影响阅读，请致电 010-56676359 联系调换。